101 Common Indoor Arthropods of Taiwan

# 台灣常見室內
# 節肢
# 動物
## 圖鑑

李鍾旻、詹美鈴 —— 著

居家常見101種蟲蟲大集合
教你如何分辨與防治

# 目錄

## 昆蟲綱

# 觀察、接受與探索你的蟲室友

國立自然科學博物館館長 **焦傳金**

　　很開心，我一到國立自然科學博物館擔任館長就得知，本館生物學組副研究員詹美鈴博士與她的學弟科普作家李鍾旻先生合寫的《台灣常見室內節肢動物圖鑑》即將在近期內出版。這本書可以說是在家研究生物學的最佳指南，不用出門就可以一窺動物的生命奧秘。

　　美鈴博士是國內的昆蟲專家，她在科博館任職多年，除了長期研究她熱愛的嚙蟲外（嚙蟲是什麼？你在家裡的牆上、書櫃與舊紙堆中就可以發現這群幾乎隱身在每個家中的小精靈！若是你不確定是否認識牠，那就趕緊在《台灣常見室內節肢動物圖鑑》看看牠的長相），她也積極推動居家蟲蟲的科普推廣，特別是她在 2018 年籌備策劃的「我家蟲住民特展」，不僅在科博館展出時得到熱烈迴響，之後也巡展各地，讓許多人認識這些又近又陌生的居家節肢動物。

　　這本書的第一作者李鍾旻先生，擅於將自然知識轉化為易讀的文字，他與美鈴博士同樣是畢業於中興大學昆蟲系，他曾擔任科普雜誌的主編，熱愛科學攝影與寫作，過去還曾獲得金鼎獎等出版獎項肯定，是位優秀的科普作家。這本書是他們兩位的精心聯手之作，主要目的就是要縮短社會大眾與居家生物的距離，雖然動物園裡的大象與長頸鹿很可愛，但我們不會每天去動物園，其實只要用心觀察，在家裡也可以發現許多有趣的生物，因為牠們就在我們身邊，因此會天天有彩蛋！

　　一般人被問到家中有哪些蟲蟲，或許都會回答「蟑螂」與「螞蟻」。然而，我們的家居「室友」們，其實種類甚至比想像中的還要多。在《台灣常見室內節肢動物圖鑑》這本書中，鍾旻與美鈴博士介紹了 101 種各式

各樣的節肢動物,包括 6 隻腳的昆蟲、8 隻腳的蜘蛛,以及腳很多的馬陸,所有你曾看過或未曾謀面的室友,在這本書中都有非常詳細的介紹。無論你是想先閱讀之後再去家中找尋牠們,或是等牠們意外出現在你面前時,才去書中確認身份,這本書都提供了豐富的資訊,絕對收穫滿滿。

也許你不是蟲蟲的愛好者,不想和我一樣與這些動物有近距離的接觸,那也沒關係,《台灣常見室內節肢動物圖鑑》可以讓你成為生活智慧王!這本書的內容會告訴你:為何這些蟲蟲會出現在你家?牠們會對房子與家具產生影響嗎?該如何與牠們和平相處呢?這些生活常識也在這本書中有詳細介紹,不可錯過。

當然,若你本人並非對蟲蟲極度恐慌,我會真心建議你,每次遇到一位「室友」時,先不要急著將牠趕走,不妨仔細觀察牠一番。雖然多數蟲蟲都很小,肉眼未必能看清楚,然而就算手邊沒有放大鏡,你也可以借助手機相機的放大功能,將牠看個仔細,順便將牠拍照記錄。當你這樣做的時候,你肯定會驚奇的發現,原來每一種蟲子都有獨特的地方。觀察就是探索自然現象的第一步,希望大家都可以跟著鍾旻與美鈴博士的指引,發現你身邊微觀生命形式的美麗。

嗜蟲書蝨

# 不可不知的居家共生生物

國立台灣大學公共衛生學系教授兼副主任

蔡坤憲

　　全球氣候變遷已是不可逆的現象，極端氣候愈來愈常發生，例如長期高溫不雨造成乾旱，或短時間強降雨造成水患，都直接影響大自然生物的律動和作息，包括動物遷徙習性改變或花期錯亂等。其中，數量超過一百萬種的節肢動物門昆蟲綱生物，對環境變化的反應更是敏感，棲地喪失和食物匱乏經常造成區域性族群崩壞甚或族群消失。當野外的昆蟲面臨種種生存挑戰時，有一群昆蟲自人類構築庇護所後便頻繁造訪作客，甚至進駐同居（有趣的是：誰是主？誰是客？值得深思！）久而久之，不僅調適和掌握了人類的居所環境和生活習慣，並學會擅用人類居室環境的各個角落。令人驚訝的，這類生物反而在氣候異變的危機下，嶄露其絕佳的生存潛能和優勢，這類生物我們稱之為居家昆蟲、居家節肢動物或居家共生生物。

　　從生物求生存和延生命的過程，總是給人類很多啟發。如何欣賞昆蟲？以昆蟲為師？就從認識牠們、認識環境開始！印象中，許多人在整理東西把紙箱搬開時，經常會看到一類銀灰色、尾巴有三根毛狀構造的昆蟲快速爬出的經驗，那就是衣魚，或稱銀魚，以纖維為食物。或者抬頭突然發現家裡天花板的角落，吊著幾個紡錘形瓜子形狀的灰色不明物體，有時候還會慢慢移動，原來那是衣蛾的幼蟲，牠們會收集撿拾周遭環境中的沙粒粉屑當成基質，築巢保護自己。又或者是朋友送的舶來品茶包，打開來卻已經破掉，還有咖啡色的小甲蟲跑出來，原來是菸甲蟲危害。另一方面，當家中的昆蟲越來越多時，可以預期會吸引以牠們為食的天敵進駐。以蟑

螂為例，牠們的天敵——白額高腳蛛（即台語所稱的喇牙／蟧蜈）就會出現，這類不結網的蜘蛛移動十分迅速靈活，總是出其不意地將獵物咬在口中，在網路上也經常可以看到關於牠如何獵捕蟑螂的影片。此外，偶爾也可以觀察到一種複眼暗藍色略帶金屬光澤的蜂類，停棲時會頻繁地、不間斷地上下擺動牠的腹部，這類便是另一類蟑螂剋星——蜚蠊瘦蜂，牠是蟑螂的卵寄生蜂，透過將卵產在看起來像「紅豆」的蟑螂卵鞘中，待孵化後，寄生蜂幼蟲便以蟑螂的卵蛋白質為食。如此繼續發展下去，一個小型的居家共生生物生態系儼然逐漸形成。透過不同階段的發展和發現，對於環境敏感的人，或許也已經預先收到禮物（present），提醒自己該適度整頓一下環境了！

不過並非所有人都能接受與節肢動物共生在一起，尤其當居家節肢動物反客為主，大肆擴張地盤，不斷干擾生活作息造成困擾，便會被視為不速之客，而以「害蟲」的罪名羅織入罪。居家害蟲可概分為騷擾性害蟲、倉儲害蟲及病媒節肢動物。騷擾性害蟲指的是那些讓人感到不舒服的昆蟲，例如逡巡飛繞在餐桌或廚房的螞蟻與果蠅，或是頂天立地躲藏於隙縫中，腳上長刺令人望之生畏的蟑螂。倉儲害蟲又稱食品害蟲，相信許多人都有在儲放綠豆的罐子中發現小甲蟲的經驗，而綠豆也被吃的坑坑洞洞，這些都是豆象的傑作。病媒節肢動物則是泛指可以媒介病原體而致病的節肢動物，例如在吸血時將病原體傳播出去的蚊蟲、跳蚤或蜱蟲，包括傳播瘧疾和登革熱的蚊蟲、傳播鼠疫的跳蚤和傳播萊姆病的蜱蟲等。其他藉由物理性媒介微生物者，也是需要管理的對象，例如家蠅、蛾蚋

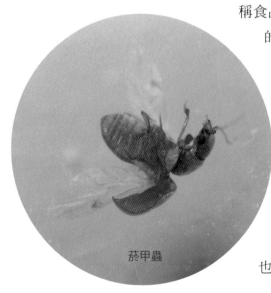

菸甲蟲

蜚蠊瘦蜂

和蟑螂等。對付這類害蟲,最有效的管理策略就是孳生源清除和管理,通常還不需要立即使用化學武器殺蟲劑,因為過度倚賴殺蟲劑會得到負面的效果。

自2000年以來,健康一體(One Health)的概念逐漸受到推廣和重視,健康不能僅僅考慮或侷限思考於人類本身,還需要考量共同生活環境的穩態和健康,因此兼顧環境中動物和植物的健康才是上策,也就是評量一個健康生態和環境的綜合指標。本書收錄節肢動物門下5綱17目101種常見居家共生節肢動物,搭配作者細緻的觀察力和卓越的微距攝影技術,提供特徵明顯、畫質清晰的生態圖像,助益讀者可以快速上手並辨識這些居家共生節肢動物的類群和生態環境。文中亦提及人與共生節肢動物的關係,希望可以因此讓讀者在環境管理上有更全面的思維,以及準備對牠們進行相關防治措施時,同時兼顧居家環境其他生物在該生態環境中所扮演的角色。恐懼來自於未知,認識環境,管理環境,透過本書能讓讀者更加了解生活周遭的節肢動物,讓您結交更多的節肢動物小朋友!

# 推薦序
# 認識家中的角落小夥伴們

國立台灣大學昆蟲學系教授兼系主任 蕭旭峰

就時間上來說，昆蟲及其他節肢動物在地球上的出現，是遠遠早於人類的；而人類的居所正提供了這些小生物遮風避雨的地方，更重要的，也提供了源源不絕的食物來源。話說人類開始建造居所以來不過幾千年，這些不請自來的小生物們就已經與人類共存，這是一個既成的事實，不管你喜不喜歡、歡不歡迎牠們。也許因為我本身是學昆蟲的緣故，我一直視牠們的出現為理所當然。換句話說，即便你是一個人獨居，你也不會是孤單的，因為這些小生物們其實是一直在你身邊的。

有人曾說人類與這些昆蟲或節肢動物是地球上兩股最大的勢力，這種說法其實一點也不為過。只是當這兩股勢力相遇時，衝突似乎也難以避免。在有人類的歷史以來，昆蟲與人類的戰爭從來就不曾少過，從對農作物的破壞到對人類健康的危害，人類對於害蟲深惡痛絕，也發明了許多方法嘗試滅除牠們。或許你會認為人類已經獲得了勝利，但事實上並非如此。試想，人類為了除去昆蟲，將環境搞得不再適合自己生存，不是得不償失嗎？對於昆蟲而言，人類可能只是牠們長遠演化歷史中的一個過客罷了，如果地球上的昆蟲都被消滅了，地球恐怕再也不適合人類生存了；反過來說，如果有一天人類滅絕了，也許很多的昆蟲仍然繼續著他們的生活而渾然不知吧！

這幾年來我有機會協助民眾鑑定家屋或倉庫的害蟲種類，我深深覺得，恐懼與害怕，往往都只是來自於無知。其實絕大多數的蟲對人類是無害的，而在家中的蟲，充其量可以算是進來借住的房客；如果我們試著了解他們，知己知彼、學習共存，我們與蟲的關係，其實是不用如此緊繃的。

而學習共存的第一步就是先認識他們。然而因為牠們的種類確實很多，因此，認識昆蟲其實並不是一件輕鬆的事。我很高興今天本書的兩位作者：李鍾旻先生與詹美鈴博士，願意將他們實務的經驗分享給大眾。兩位作者都是學有專精的昆蟲界菁英，以深入淺出的方式介紹家居的昆蟲與其他節肢動物。從最基礎的形態、分類到個別種類的辨識、行為與生活方式等完整地介紹給讀者，輔以清晰的攝影照片，讓更多的人了解這些居家生活中的角落小夥伴們。而這 101 種小生物們都是家中很常被看到的物種，從此大家再也不用大眼瞪小眼，相見而不相識了。

　　值得一提的是，作者在本書的最後提出了一些非常寶貴的經驗，告訴我們應該如何以正確的觀念來看待這些生物，哪些有毒？從何而來？如何避免？我想這是本書中最為精華的地方。就如同前面所提，我們與昆蟲的關係，其實並不是那種你死我活的戰爭，趨吉避凶也許才是上策。話說回來，當你看完此書之後，你很可能會發現，許多的蟲也許被你誤會很久了；也有可能許多蟲的出現，根本是你自己造成的啊！認識、理解與共存，人類與這些節肢動物的關係理應如此才對！

　　這是第一本專以台灣本地的家屋節肢動物為主題的圖鑑與介紹，是一本很容易親近的入門書籍，對於那些怕蟲的、想防蟲人的提供了一盞指引的明燈，我在此很鄭重地推薦給大家！

外米擬步行蟲

你喜愛地球上形形色色的生命嗎？如果答案是肯定的，請你試著在心裡回答下一個問題：你喜歡生物，那麼住家中的各種節肢動物是否也包括在內呢？可以預料的是，第二個問題，多數人應會猶豫，或者直接給予否定的答案。

確實，許多對動植物感興趣的大眾，往往偏愛野地裡外表亮麗、體型大、稀有的生物。相較之下，日常與我們緊密相依的「居家型」節肢動物，大部分人對牠們絲毫不感興趣，甚至一見到便心生厭惡或恐懼。之所以如此，多半是由於牠們外表普遍樸素而黯淡，又時常在陰暗角落出沒，容易給人醜陋、骯髒的印象。有很多種類因為體型微小，牠們的存在還時常讓人給忽略了。

人類看待生命，有著不平等的出發點，向來是無可避免的事，就連在科學家、作家、攝影師的眼中，常常也是如此。各種接觸大自然的人，總是醉心於探尋地球上美麗的動植物，而那些住家中的節肢動物卻無法使他們提起興致。一直以來，關注居家室內節肢動物的人很少，也因此，絕大部分的人對牠們並不熟悉。正確知識缺乏、生活中的誤解、各式網路謠言，這些都加深了大眾與牠們之間的距離，儘管這些生物平日就與人類住在一起。

所以，我們有什麼理由要去認識家裡的那些節肢動物呢？

你是否曾經在室內角落見到了某位「不速之客」，卻對牠的一切一無所知？你有沒有思考過，牠的出現隱含著什麼樣的意義？因為不了解牠，便不知牠是否對人有害；不了解牠，便不知牠為何會出現在家裡；不了解

小黃家蟻

牠，也不知該如何與之應對。那麼，去認識、了解，至少對牠的習性有基本認識，是不是其實挺重要的？

　　本書的目的，當然就是讓大家正確的認識一般家庭中容易撞見、與人類關係緊密，同時卻讓多數人感到陌生的小生物。你只要稍微搜索一番，對照書中的資訊，便能對家庭中的節肢動物作初步的識別。很可能，你還會感到訝異，原來許多微小不起眼的物種就在身旁，只不過自己以往很少去注意牠們罷了。

　　實際上，與節肢動物共處一室，原本就是人類日常生活的一部分。都市裡的每戶房子，一年內少說數十種節肢動物出沒是常態，甚至超過百種都有可能。然而大多數在家屋裡出現的節肢動物屬於無害的同居者，牠們平時只是靜靜的棲息在角落縫隙，對人類的生活幾乎不會造成影響。倘若特定種類的活動，突然對生活起居造成了困擾，往往也是不良的環境因素使然。我們平時並不需要，也沒有必要對牠們心存恐懼與偏見。

　　就算你從來都不喜歡室內的節肢動物，不希望牠們在家中出現，或者深受家中的蟲害問題煩惱，你反而更有必要去了解牠們。若能夠對家中節

肢動物的種類及習性有了初步的認知，便有機會掌握牠們出現、造成麻煩的主要原因，並得以解決孳生源。反之，如果你對家中出現的節肢動物毫無概念，抑或誤認了種類，在企圖防除的同時很可能便會事倍功半，甚至徒勞無功。

倘若對家裡的節肢動物有了基本的認識，你或許還能發現牠們有趣、有用的地方。比如說，建築物中常見的節肢動物，有不少種類有著令人訝異的強韌生命力，易於飼養繁殖，相當適合作為教育的教材。我們幾乎在任何季節，不需要準備繁複的採集用具，就得以近距離探究牠們的行為、觀察牠們的成長過程。

最後，希望能請你思考：生命是否有貴賤之分？在現實裡，我們時常興奮的談論著、讚嘆著電視螢幕上自己一輩子可能都不會親眼見到的珍奇物種是多麼高貴華美，卻對生活週遭頻繁出現、近在眼前的生物視而不見，這是不是很奇怪的一件事呢？當我們在高呼重視生物多樣性、注重生態保育等口號時，卻僅僅關注著那些所謂的明星物種，這樣單憑美醜來定義生命優劣的我們，是真的打從心底關心自己口中的環境嗎？

對筆者而言，世上的事物有各式面貌，不論美或醜，生命都是值得欣賞與愛惜的。那些與人類同住一個屋簷下的節肢動物，牠們都有各自的特色，也都是很有趣的存在。期望本書不僅僅是讓讀者認識伴隨人類左右的節肢動物，更能喚起大眾對牠們的關注與興趣。

米出尾蟲

# 認識節肢動物

　　「節肢動物」指的是分類上屬於動物界節肢動物門的所有動物，幾乎世界各處都可以見到牠們的蹤影。在全球已知的動物種類中，節肢動物至少超過 80％以上，為動物界中種類數最龐大的分類群。節肢動物的共通點是身體分節且左右對稱，體軀表面覆蓋著質地堅實或柔韌的外骨骼。也由於外骨骼限制了生長，節肢動物普遍具有週期性的「蛻皮」現象。

　　在口語上，古代人便常把動物冠以「蟲」字，現代人也常會習慣把昆蟲綱、蛛形綱、唇足綱等許多的小型節肢動物都稱作「蟲子」、「蟲蟲」，因此有時候難免造成了字面上的誤解，使得一些人不太明白昆蟲與其他節肢動物之間究竟有何差異。請記住一個觀念，「昆蟲」雖然是節肢動物中的大類群，但節肢動物裡還有各式各樣不同類別的動物。

　　這裡列出人類家庭中常見的代表性節肢動物類群，讓大家有基本的認識。

## ◎ 居家常見的節肢動物家族

### 蛛形綱 Arachnida

　　大家所熟知的蜘蛛、鞭蠍、蟎、蜱，以及台灣較少見的蠍子，都是蛛形綱的節肢動物，牠們的身體一般分為「頭胸部」、「腹部」兩個部分，多數具有 4 對足，不具翅。頭胸部具有 0~8 個單眼，為主要視覺器官。特定類群如蟎、蜱等的頭胸部與腹部則通常相結合，且某些蟎終生僅有 2 或

■蜘蛛具有 4 對足和 1 對觸肢，無翅。　　■鞭蠍具有 4 對足，以及 1 對巨大的鉗狀觸肢。

3 對足。

　　蛛形綱動物不具觸角，但在頭胸部前端往往可見一對短小、具有感覺與取食作用的觸肢。許多蜘蛛雄性的觸肢末端會較雌性略為膨大，而蠍子、鞭蠍的觸肢不論雌雄往往皆特化成粗大的鉗狀。

　　牠們之中有許多物種為捕食性或吸血性，也有部分為植食性、腐食性、菌食性等各式食性。生活環境廣泛而多樣，從高山、地面土壤到海洋都有不同種類分布，尤以陸棲性的種類在人類的居住環境中特別常見。

## 昆蟲綱 Insecta

　　昆蟲綱動物就是我們平時慣稱的「昆蟲」，從山野到住家室內都相當常見。螞蟻、蜜蜂、蝴蝶、蛾、甲蟲……這些全都是昆蟲綱動物。

　　成熟個體的身體分成「頭部」、「胸部」、「腹部」3 個部分，胸部具有 3 對足，且多數擁有 1~2 對翅膀。一般在頭部則長有 1 對觸角、1 對複眼、0~3 個單眼。觸角通常具有觸覺、嗅覺與味覺的功能。複眼為主要視覺器官，單眼則一般為視覺輔助用途。依種類的不同，身體構造並常有不同形式的特化，如甲蟲的前翅特化為硬質的「翅鞘」，能保護用於飛行

■蛾類具有 3 對足、2 對翅,以及 1 對觸角。

■甲蟲具有 3 對足,2 對翅,其中前翅特化為翅鞘。

的後翅;蠅類的後翅則幾乎消失,特化為短小、具平衡作用的「平均棍」。當然觸角與足的形態變化也非常多。

由於昆蟲綱的多數成員具有翅,這使牠們身為節肢動物中唯一擁有飛行能力的一群。同時,昆蟲也是節肢動物中已知種類最多的,個體數量也相當龐大,陸地、水域、高山都有不同種類及食性的昆蟲分布。目前已有文獻紀錄的昆蟲超過 100 萬種,然而若加上尚未命名的種類,世界上的昆蟲種類實際可能超過 550 萬種。

## 內口綱 Entognatha

內口綱動物的外觀與昆蟲很像,且同樣具有 3 對足,身體也由「頭」、「胸」、「腹」3 個部分組成。不過,牠們與昆蟲之間的主要差異在於,內口綱動物的口器內藏而不外露,且終生不具有翅膀。牠們都是行體外受精來繁殖後代,這點也與昆蟲大不相同。

內口綱動物包含彈尾目的跳蟲、原尾目的原尾蟲,以及雙尾目的雙尾蟲,牠們過去曾被列入昆蟲綱中,後來因上述特徵之不同而由昆蟲綱移出。內口綱動物大部分棲息於土壤或地表的枯枝落葉間,一般以有機碎

■跳蟲具有 3 對足，無翅。

屑、真菌為食。這類動物體型普遍很小，目前人類對於牠們生態習性的了
解仍相當有限。儘管不屬於昆蟲，但內口綱動物在長遠的演化歷史中仍與
昆蟲的祖先們關係密切。

## 軟甲綱 Malacostraca

　　生活在水中的螃蟹、蝦，以及潮濕環境常見的鼠婦，均為軟甲綱最常
見的成員。牠們的共同特徵為身體分節，可分為「頭部」、「胸部」、「腹
部」，一般擁有 5~8 對或更多的足，不具翅，具有 1 對複眼，以及 1~2 對
觸角。有些種類的「頭部」與「胸部」體節會呈現不同程度的癒合，且不
同類群間形態變化很大，如螃蟹的 5 對足中第一對足特化為粗大的鉗狀，
鼠婦的 7 對足則大小皆相近。

　　軟甲綱的動物有許多種類生活在水域，以及沙灘、土壤等陸地上各種
潮濕的環境，多數種類為雜食性、捕食性，或腐食性。除了庭院及陽台盆
栽可以發現一些鼠婦外，大部分軟甲綱動物在居家環境較難見到，然而有
不少螃蟹及蝦類是人類常食用的對象。

■鼠婦具有 7 對足和 1 對觸角。

■螃蟹擁有 5 對足，其中第一對足特化為鉗狀。

## 唇足綱 Chilopoda

　　常見的蜈蚣、蚰蜒屬於唇足綱，牠們通常外觀細長且扁平，身體分為「頭部」與「軀幹部」兩部分，不具翅。頭部具有 1 對細長的觸角，軀幹由眾多體節構成，多數體節各有 1 對足，軀幹的第一對附肢並特化形成鉤狀的顎肢。

　　蚰蜒一般具有 15 對細長的足，頭部具有明顯的複眼。蜈蚣的頭部則僅具叢集單眼，雖然有「百足蟲」之稱，但其實常見的種類足數量一般介於 21~23 對之間。

　　唇足綱的動物皆為捕食性，行動敏捷，一般以昆蟲、蚯蚓或其他無脊椎動物為食。體壁保水性較差，因此一般棲息在地表潮濕環境。有些種類偶而會經由門縫、排水管道而爬入室內。

■蜈蚣一般具有 21~23 對足。

## 倍足綱 Diplopoda

　　倍足綱的成員俗稱「馬陸」，外觀多呈細長圓筒狀，身體分為「頭部」與「軀幹部」，是節肢動物中足的數目最多的一群。頭部具有 1 對短觸角，具有複眼或無眼；軀幹由眾多體節構成，幾乎每一體節都各有 2 對足，不具翅。

　　由於軀幹長有非常多的足，馬陸又有「千足蟲」之稱，然而多數馬陸的足數量其實大約介於 40~200 對之間，只有極少數種類可達 750 隻以上的足。

　　倍足綱的動物通常偏好棲息在潮濕陰暗的隱蔽環境，行動緩慢，有時會經由門縫或盆栽夾帶而出現在居家內外。大多以土壤中的腐敗植物、真菌、植物殘骸為食。許多種類具有防禦腺體，能製造具異味或刺激性之分泌物。

■馬陸一般具有 40~200 對足。

## 什麼是變態？

　　一些動物的成長過程中，自初誕生至發育成熟，會經歷明顯的內外形態變化。不僅是外形體態上的變化，生活方式通常也有一定程度的改變，如此的轉變稱為「變態」（metamorphosis）。變態的優勢在於，擴展了生活環境，也提高了族群存續的機會。節肢動物中又以昆蟲綱的變態最具代表性，並且最為人所熟知。

　　特定昆蟲如甲蟲、蝴蝶、螞蟻、蜂、蚊的發育形式屬於「完全變態」

（holometaboly），為跳躍式的急遽轉變。這類昆蟲的幼生期／幼期與成體之外貌截然不同，習性往往也有很大差異。一般將此類昆蟲的幼生期稱作「幼蟲」（larva），發育完全並具有生殖能力的成體稱為「成蟲」（adult），在兩者之間尚會經歷「蛹」（pupa）的靜止階段。在所有的昆蟲種類裡，完全變態者至少占了約 80%，比例上明顯占多數。

　　至於如蚜蟲、椿象、齧蟲、白蟻、蝗蟲等昆蟲的發育過程則屬於「不完全變態」（hemimetaboly，又稱半形變態），為漸進式的緩緩改變。這類昆蟲的幼生期與成體之外貌接近，但主要差別在於翅的有無，以及生殖構造的成熟與否。幼生期每經歷一次蛻皮，外觀都會愈接近成體，並且終生不會經歷「蛹」的階段。一般將此類且為陸生種類之幼生期稱為「若蟲」（nymph），成體稱為「成蟲」；而幼生期為水生者則另稱為「稚蟲」（naiad）。

　　尚有部分的昆蟲在發育過程裡，由於幼生期與成體在外形上除了體型外幾乎無明顯差異，而被稱為「無變態」（ametaboly），例如衣魚便屬此類。這類昆蟲的幼生期與成體皆無翅，一般將其幼生期稱為「仔蟲」（young），成體稱為「成蟲」。

　　事實上，變態並非昆蟲所獨有的生長特色，軟甲綱的蟹類、蝦類，部分魚類以及許多兩棲類動物、棘皮動物等，在成長過程中也會歷經變態，使得幼生期與成體外貌有所差異。只是這些動物的內外變化在定義上傳統皆通稱「變態」，沒有像昆蟲那樣再細分為各種不同變態形式。

　　蜘蛛、馬陸、蜈蚣、蚰蜒、跳蟲等不屬於昆蟲綱的節肢動物，成長階段雖也會經歷蛻皮，但不涉及翅的生成等較明顯的形態轉變，以及生活方式的改變。這些節肢動物的幼生期名詞，內口綱的跳蟲之幼生期通常稱「仔蟲」；蛛形綱的蜘蛛類，幼生期則通常稱「若蛛」（juvenile），成體稱「成蛛」（adult）；至於馬陸、蜈蚣等其他非昆蟲節肢動物，幼生期則多無明確定義，一般可稱之「若蟲」。

　　此外，蛛形綱中的蟎類、蜱類因為發育過程稍特殊，成長時依肢體數

目的變化概略分為幼蟎／幼蜱（larva）、若蟎／若蜱（nymph），以及成
蟎／成蜱（adult）等不同階段，且不同種類間發育模式也略有不同。這類
動物的生長過程中，除肢體及體型變化外，其他特徵往往並無顯著改變。

　　最後談談節肢動物幼生期名詞用法不一的現況。實際上，對於各類節
肢動物的幼生期名稱，目前不論國內外，在認定上往往相當紛雜，時常缺
乏共識。衣魚便是一個顯而易見的例子：我們在中文上稱其幼生期為「仔
蟲」（young），然而在國外則常有人使用「nymph」（若蟲）來稱呼衣
魚的幼生期。

　　近幾年曾有國外學者嘗試歸納出個別名詞的歷史起源與演變，希望較
清楚的界定「幼生期名稱」與「變態形式」的關聯性，例如幼蟲（larva）
代表「完全變態」昆蟲幼生期，若蟲（nymph）代表「不完全變態」昆蟲
幼生期；但隨後遭其他學者反駁，被指出這些名詞並無法反映在形態學上
的同源性。甚至還有學者認為，所有種類昆蟲的幼生期應統一稱「幼蟲」
便可。儘管如此，本文所介紹之各個幼生期名詞，乃是國內目前較普遍採
用的稱法，期望藉此幫助讀者理解這些名詞所代表的意義。

卵　　　　　　　幼蟲　　　　　　　蛹　　　　　　　成蟲

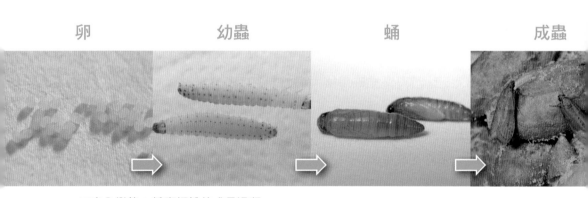

■完全變態：粉斑螟蛾的成長過程。

# 形態常用詞彙簡介

　　本書盡可能避免使用艱澀詞彙，然而在敘述形態特徵時，難免出現一些日常生活中較不常見的用語。此處列出常出現的語詞，以幫助讀者充分理解內文所描述的節肢動物特徵。

## ◎ 體型大小判定

　　描述節肢動物的體型大小，一般是以成體的「體長」為準，測量範圍基本上是由身體水平面的頭部前端至腹部末端。假如體長的數值有計入翅膀，則通常會特別註記為「含翅長」。而由於蝶、蛾等鱗翅目昆蟲的翅面積明顯寬大，一般則常以「展翅寬」或「翅長」（前翅長）作為體型判斷依據。本書所收錄的鱗翅目物種，便列出展翅寬以幫助讀者判別其大小，測量範圍基本上為兩對翅展開時的最大寬度。

展翅寬

翅長

前方

後方

■鱗翅目昆蟲的展翅寬範圍。

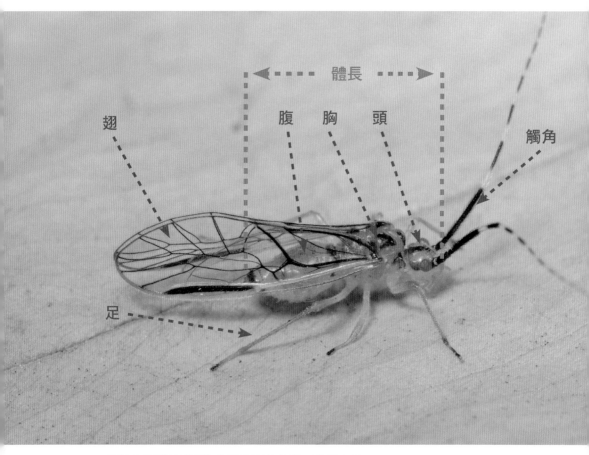

■一般昆蟲的體長範圍為身體的頭部前端至腹部末端。

## ◎ 體軸與方向

　　介紹節肢動物身體特徵時，有關方向描述的詞語相當重要。為利於判斷身體方向，在此以「體軸」的概念說明。首先，假設一隻停棲狀態的節肢動物，身體包含 3 個體軸——

　　1.「縱軸」：身體由前至後之體軸。朝向頭部的方向為前方（前端），朝向腹部末端的方向為後方（後端）。

2.「背腹軸」：身體由上至下之體軸。位於上方者為背面（背側），下方者為腹面（腹側）。

3.「橫軸」：橫貫身體左右之體軸。水平面之左右兩側為側面。

除了體軸有關的方向定義，對足、觸角等細長的附肢構造而言，一般靠近身體的區域為「基部」；遠離身體，與基部相反方向的區域則為「端部」。另外，昆蟲的前胸背板以後方為基部，前方為端部。

■節肢動物的體軸與身體方向的判讀方式。

## ◎ 身體構造常見術語

### 體節（segment）、體區（tagma）

組成身體的基本單元。節肢動物身體擁有許多排列整齊、一節一節的構造，為「體節」。而多個體節再依功能而集中組成不同的「體區」。例如昆蟲綱動物的身體便分為「頭部」、「胸部」、「腹部」3個體區。

### 體壁（integument）

覆蓋在節肢動物身體表面的結構，具有支持與保護的作用。體壁主要由「表皮」與「真皮層」所構成，其中真皮層的作用為分泌表皮，堅韌的表皮則構成節肢動物的外骨骼；體壁一詞也常被視為與「外骨骼」同義。儘管體壁有著保護的作用，但不同種類間表皮硬化的程度各異，例如鞘翅目的許多甲蟲體壁堅硬，但蛛形綱多數蜘蛛的腹部則非常柔軟。

### 附肢（appendage）

節肢動物各體節所長出的附屬肢節狀構造，依功能的不同而有各式樣貌，並以關節與身體相接。例如昆蟲的足、觸角皆為附肢。

### 複眼（ommateum; compound eye）

視覺器官，位在頭部兩側，由稱為「小眼」（ommatidia）的視覺單位集結而成，平時用以偵測外界物體，以助於攝食或防禦天敵。複眼的發達程度因種類而異，組成複眼的小眼少則數個，多則可達數萬個。在衣魚、蛃蜓的複眼中，因各別小眼的排列較為鬆散，有時也被歸類為「聚眼」（agglomerate eye），被視為是介於單眼與複眼之間的構造。

### 單眼（ocellus; simple eye）

構造簡單的視覺器官，昆蟲的單眼通常僅能探測光線的明暗變化，視

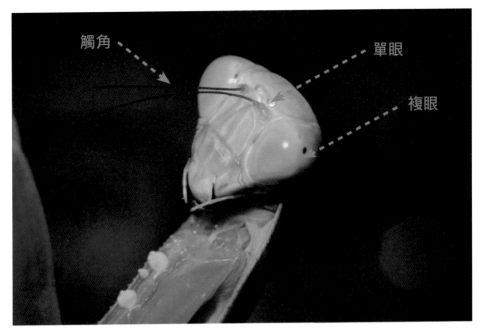

單眼

觸角

複眼

■許多昆蟲頭部除了一對碩大的複眼,還具有單眼。例如螳螂、蟬的頭部便可以觀察到 3 個微小的單眼。不過也有不少昆蟲不具單眼,或者僅有 1、2 個單眼。

單眼

螯肢

觸肢

■多數種類的蜘蛛在頭胸部可見 8 或 6 個單眼,不具複眼。部分種類的觸肢外觀雖與足有些相似,但長度明顯較短。

覺功能不如複眼完善，扮演輔助的角色。蜘蛛的單眼功能依種類而異，有些種類的單眼僅能感受光線刺激，有些則擁有辨識影像的能力。而研究顯示蜘蛛的主眼（前方中央的一對單眼）與昆蟲的單眼同源，但次要眼（其餘的單眼）則由複眼演化而來。

## 口器（mouthpart）

節肢動物用以取食的器官，位在頭部或頭胸部，一般具有咀嚼、舔吮或吸食的功能。昆蟲的口器一般由上唇、下唇、一對大顎、一對小顎，以及下咽等構造組成。蜘蛛的口器無大顎，但具有螯肢，其餘尚有下顎、下唇等部位，口器組成與昆蟲不同。

## 大顎（mandible）、小顎（maxilla）

口器為節肢動物的取食構造，而大顎為昆蟲綱、軟甲綱及部分節肢動物口器的重要組成單元。在取食固態物質的昆蟲身上，大顎通常成對而發達，不分節，以左右開合的方式移動，能用以切割、咬碎食物，是主要的攝食構造，甚至還能用來防禦。但在取食液態食物為主的昆蟲身上，大顎則常特化為針狀或幾乎消失。小顎則為位在大顎後方的構造，具分節，一般用途為輔助大顎咀嚼食物，其上並長有小顎鬚。

## 剛毛（seta）

或稱刺毛、毛，為體壁上常見的微小毛狀構造，往往與節肢動物的觸覺、味覺與嗅覺有關。有時也專指體表較硬而直的毛。

## 鱗片（scale）

為剛毛的特化形式，可視為扁平狀的毛，尤其在多數鱗翅目昆蟲體表相當顯而易見。

觸角

大顎

複眼

■鞘翅目昆蟲往往擁有發達的大顎。

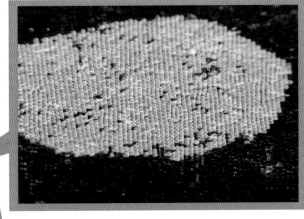

■蝴蝶的翅表面可見排列緊密的大量鱗片。

## 足（leg）

步行的主要構造，不同種類的節肢動物所擁有的足數目及外觀皆不同，也可能特化為具有獵食、挖掘或跳躍等功能。

## 翅（wing）

在節肢動物中為昆蟲綱所獨有的構造，是重要的飛行器官。位於胸部，表面具有管狀的翅脈，在不同種類間常有各種形式的變化。翅的基本形式為兩對，分別為前翅、後翅，大部分昆蟲的前翅與後翅形態不同。一般認為翅的起源是由昆蟲體壁所延伸。

## 翅鞘（elytron）

鞘翅目昆蟲的前翅常特化為此種形式，厚而堅硬，覆蓋在腹部背側。翅鞘不具飛行功能，但平時能保護身體及用於飛行的後翅。也由於普遍具有堅硬的體壁，鞘翅目昆蟲一般通稱「甲蟲」。

翅鞘　　　　　　　　前胸背板

■鞘翅目昆蟲的前胸背板發達，前翅特化為硬質的翅鞘。

前翅

平均棍

■雙翅目昆蟲的後翅皆特化為短小的平均棍。

## 平均棍（haltere）

　　雙翅目昆蟲的後翅特化為此種形式，短而微小，如棍棒般的結構。平均棍不具飛行功能，但在飛行時會快速擺動，與飛行時維持平衡有關。可見於蚊、蠅、虻等身上。

## 觸角（antenna）

　　位於頭部的感覺構造，主要具有觸覺、嗅覺、味覺及感受溫濕度的功能。觸角多呈長條狀，節數及外觀變化甚大，可見於昆蟲綱、軟甲綱、唇足綱、倍足綱等動物，尤其昆蟲綱的觸角因種類、性別而常有各種特化，在分類上為重要依據。

## 觸肢（pedipalp）

　　蜘蛛與部分蛛形綱動物的感覺器官，位在頭胸部，為一對較足為短小

的構造，具有嗅覺與攝食功能。蜘蛛通常除了運用觸肢取食，成熟雄蛛還能用以儲存精液及交配。蜘蛛身上的觸肢分節構造類似足，但觸肢不具蹠節。

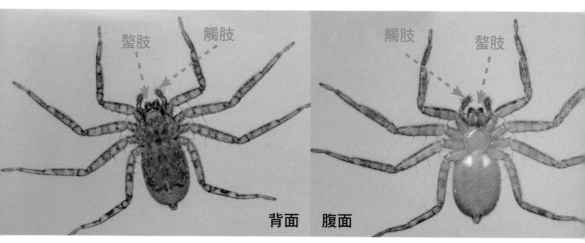

背面　腹面

■蜘蛛的螯肢與觸肢位於身體前端。

### 觸肢器（palpal organ）

　　蛛形綱的蜘蛛中，許多發育成熟的雄蛛在觸肢末端的蹠節會明顯膨大，稱為「觸肢器」。雄蛛會預先將精液儲存在觸肢器中，再與雌蛛進行交配。但並非所有種類的蜘蛛觸肢器皆大而明顯，也有一些雄蛛的觸肢器外觀並無明顯膨大。

### 螯肢（chelicera）、毒牙（fang）

　　螯肢又稱為上顎，為蛛形綱動物及部分海生節肢動物（例如肢口綱的鱟、海蜘蛛綱的海蜘蛛）所特有的構造，主要用途為攝食，功能相當於昆蟲的大顎。蜘蛛的螯肢末端為尖銳的「毒牙」，毒牙以外的區域則可稱「基部節」（basal segment）。毒牙或稱螯爪、螯牙，內部具管道與蜘蛛體內的毒腺相接，能注射毒液使獵物失去行動力或死亡。

## 顎肢（maxilliped）

見於唇足綱動物及部分軟甲綱動物，為胸部或軀幹部前端的成對附肢，通常位在口器附近，具有輔助攝食的功能。蜈蚣及蚰蜒的顎肢外觀為鉤狀，又稱毒鉤，內部管道與毒腺相通，端部則有毒腺開口，用於攻擊獵物使之麻痺。

## 骨片（sclerite）

節肢動物的外骨骼上常可見特化的硬化區域，稱作「骨片」或「骨板」。骨片在各體節背面、側面、腹面的特定區域分別形成「背板」、「側板」及「腹板」構造。

## 前胸背板（pronotum）

在昆蟲綱中，標準形式的胸部基本由 3 個體節所構成，由前至後分別為前胸、中胸及後胸，而胸部各個體節背側的背板（骨片）又稱為「胸背板」。「前胸背板」即指第一個胸部體節（前胸）背面的背板。多數昆蟲的前胸並不發達，但蜚蠊目、鞘翅目、半翅目等昆蟲的前胸背板往往較大且發達，覆蓋在胸部甚至延伸遮蔽頭部，具備保護作用，並常為鑑定上的重要依據。

## 前伸腹節（propodeum）

此構造僅見於膜翅目的螞蟻及部分蜂類（細腰亞目的種類），這類昆蟲胸部與腹部之間乍看交界分明，實際上牠們腹部之第一節向前延伸並與胸部相結合，稱為前伸腹節，導致胸部與腹部之間的交界不易區分。前伸腹節實際上位於胸部與腹部之間，但外觀卻容易讓人誤以為是胸部的一部分。

## 腰節（waist）

　　又稱腹柄部，膜翅目的螞蟻及部分蜂類在腹部特化的細窄柄狀區域，位於前伸腹節後方。腰節通常由 1~2 個體節組成，有些種類的螞蟻擁有 2 個體節，分別稱為腹柄節（petiole）、後腹柄節（postpetiole）；部分種類螞蟻的腰節則僅有腹柄節 1 個體節。

## 錘腹（gaster）

　　或稱腹錘，膜翅目的螞蟻及部分蜂類在腰節後方明顯膨大的區域。錘腹外觀雖看似完整的「腹部」，但實際上僅包含腹部約第 3 至第 7 節。錘腹加上前方的前伸腹節及腰節，才屬於完整的腹部。

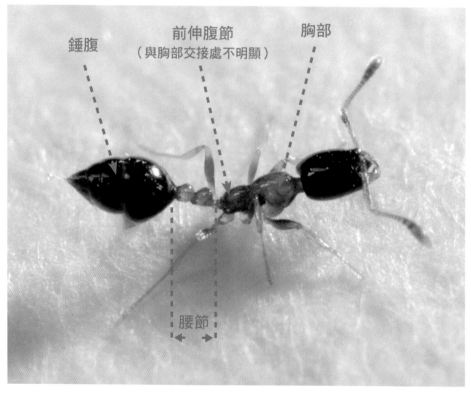

■螞蟻的前伸腹節、腰節，以及錘腹之概略位置。

## 肛上板（epiproct）

位在腹部末端，由腹部背板退化所形成的骨片，肛門則位於肛上板下方。

## 尾毛（cercus）

腹部末端的一對附肢，為簡單或分節構造，可見於許多昆蟲。尾毛外觀多呈絲狀，且通常具有感覺功能。但也有部分昆蟲沒有此構造，例如鞘翅目昆蟲便不具尾毛。

## 刻紋（sculpture）

泛指節肢動物體表各種凹陷或隆起的形態特徵，包括點狀、線狀、網狀或不規則狀結構，常可作為分類的重要依據。

## 點刻（puncture）

或稱刻點、凹點，一般指微小的點狀凹陷。

## 脊起（carina）

或稱脊、隆脊、隆線，指細長線狀的隆起構造。

## 溝紋（stria）

或稱溝、行紋、線痕，指細長線狀的凹陷結構。

## 凹窩（fossa）

或稱窩，一般指穴狀的凹陷。

## 瘤突（tubercle）

或稱瘤，細小的隆起結構，通常為顆粒狀或近似球狀。

## ◉ 昆蟲與蜘蛛的足分段

　　相較於其他節肢動物類群，昆蟲綱以及蛛形綱的蜘蛛類，足部依種類而往往有不同特化，且表面特徵常用於辨識。

　　在昆蟲綱的動物中，胸部皆具有 3 對足，一般由前至後分別稱為前足、中足、後足。每個足一般由基節（coxa）、轉節（trochanter）、腿節（femur）、脛節（tibia）、跗節（tarsus）各節所組成。

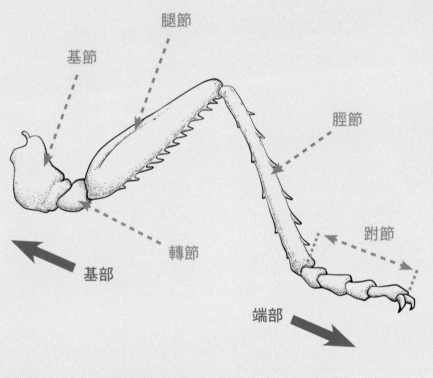

腿節

基節

脛節

轉節

跗節

基部

端部

■昆蟲足的分段。

蜘蛛則擁有 4 對足，位在頭胸部，一般由前至後分別稱為第一步足、第二步足、第三步足、第四步足。蜘蛛的足之構造與昆蟲亦略有不同，大致多了兩節，分別是腿節與脛節之間的「膝節」（patella），以及脛節和跗節之間的「蹠節」（metatarsus，或稱後跗節）。

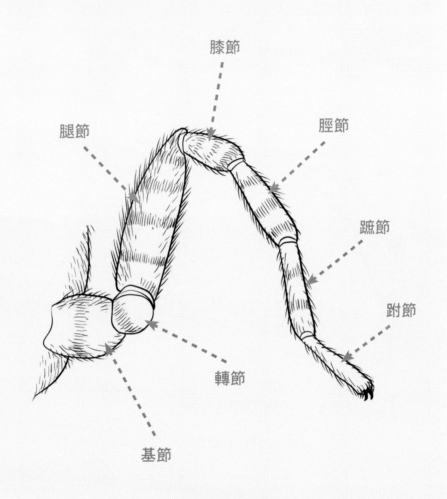

膝節

腿節

脛節

蹠節

跗節

轉節

基節

■蜘蛛足的分段。

## ◎ 昆蟲的觸角分段

　　儘管各類昆蟲的觸角形狀差異很大，但大多數種類的觸角基本上是由
柄節（scape）、梗節（pedicel）、鞭節（flagellum）等 3 個主要區段組成。
柄節通常為基部算起的第一節，第二節為梗節，第三節起至端部的各節則
屬於鞭節。

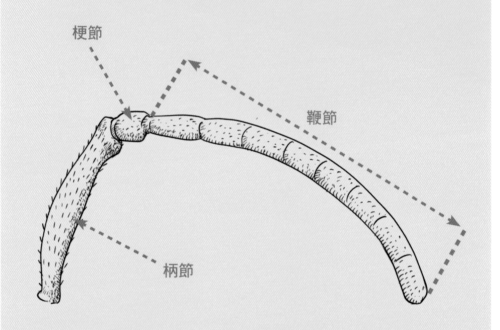

■昆蟲觸角的分段。

# 初步辨識指引

　　節肢動物種類繁多，要怎麼分辨生活周遭碰到的動物是屬於哪一類呢？

　　如果對於眼前的物種不熟悉，不妨先試著大略判斷牠有幾隻足，這是非常有用的線索。進一步審視牠們的身體分節、有無翅膀，以及觸角形態等細部構造，也能利於辨識其身分。

具有 8 隻足，無翅，身體分為頭胸部、腹部，或整體近似橢圓形。

蛛形綱

p.260

蜘蛛

蟎

蜱

具有6隻足，身體分成
頭部、胸部、腹部，多
數種類擁有翅，部分種
類無翅。

昆蟲綱

p.46

甲蟲

嚙蟲

蛾

螞蟻

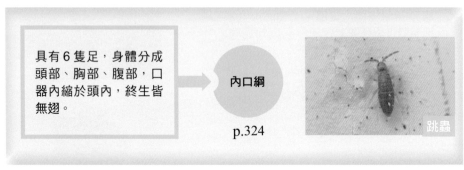

具有6隻足，身體分成
頭部、胸部、腹部，口
器內縮於頭內，終生皆
無翅。

內口綱

p.324

跳蟲

多數種類擁有 30 隻以上的足，每一體節有一對足，無翅，身體細長，觸角長。

唇足綱

p.318

蜈蚣

蚰蜒

多數種類擁有 60 隻以上的足，每一體節有兩對足，無翅，身體細長，觸角短。

倍足綱

p.306

馬陸

多數種類擁有 10~16 隻足，無翅，體節常有不同程度結合。

軟甲綱

螃蟹

鼠婦

非節肢動物

蛞蝓（軟體動物門）

蚯蚓（環節動物門）

身體柔軟，無翅，無足或足相對較不明顯。

昆蟲的幼蟲

蛾類的幼蟲

甲蟲的幼蟲

# 室內節肢動物 101

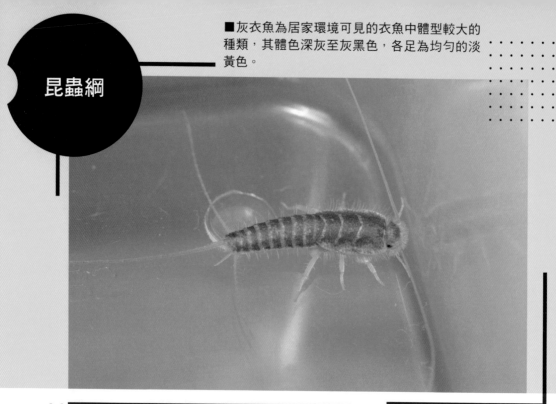

■灰衣魚為居家環境可見的衣魚中體型較大的種類，其體色深灰至灰黑色，各足為均勻的淡黃色。

# # 灰衣魚

**學名／** *Ctenolepisma longicaudata* Escherich, 1905

**分類／**昆蟲綱 Insecta，衣魚目 Zygentoma，衣魚科 Lepismatidae

　　成蟲體長 1.3~1.6 公分，身體柔軟脆弱，外表布滿鱗片。軀體背側呈均勻深灰至灰黑色，略帶有光澤。觸角淡黃色，細長而呈絲狀，約與身體等長。頭部前方具密集的毛束，前胸背板前緣有一列剛毛。不具翅，胸部及腹部背側的剛毛呈束狀排列，各足為均勻淡黃色。腹部末端具有左右兩根細長的尾毛，以及一根中央尾絲；中央尾絲約與身體等長。本種外觀與其他同科種類極相似，可藉由體長、體色及體表剛毛的排列形式等特徵與其他常見種類區別，但由於衣魚的剛毛及鱗片極易磨損或脫落，若僅依體

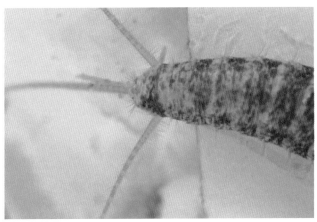

■灰衣魚前胸
背板前緣具一
列剛毛,此為
該屬物種的明
顯特徵。

■灰衣魚腹部
最末節(第10
節)的背板呈
寬三角形。

色或剛毛鑑定,易造成誤判。

　　灰衣魚是台灣的居家環境中最常見的衣魚種類之一,行動敏捷,生性畏光,能忍受乾燥環境一段時間,大多棲息在住宅內的倉庫、地下室、家具縫隙等陰暗角落。偏好取食富含澱粉、纖維之物品,以危害紙張、衣物而著名,也會取食有機物碎屑、毛髮、節肢動物的屍體等。尤其在囤放報紙、舊書等紙類物品的角落處特別容易發現。屬於無變態類昆蟲,仔蟲與成蟲外表相似,成蟲期仍會進行蛻皮。廣泛分布世界各地。

昆蟲綱

衣魚目

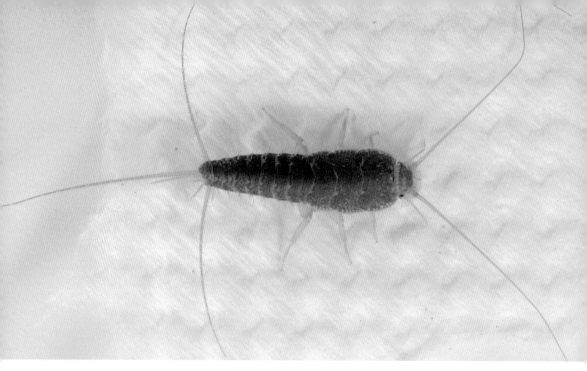

■體表布滿鱗片，然而鱗片極容易因為摩擦而脫落，導致體表顏色變淡。

■體表鱗片易脫落，觸角、尾毛也很容易斷裂。

■灰衣魚頭部前端的剛毛相當發達。

■美洲家蠊，前胸背板具黃色斑紋，斑紋最前
端及前胸背板中央深色區域常近似「T 形」。

# 美洲家蠊

**學名**／ *Periplaneta americana* (Linnaeus, 1785)
**別名**／美洲蜚蠊、美洲蟑螂、美洲大蠊
**分類**／昆蟲綱 Insecta，蜚蠊目 Blattodea，蜚蠊科 Blattidae

　　成蟲體長 3.2~4.5 公分，外觀紅褐色具有光澤，是居家常見蟑螂中體
型最大的種類。頭部大部分為前胸背板所遮蔽，僅頂端外露。前胸背板扁
平，紅褐色，周圍具淺黃至黃橙色斑紋，斑紋隨個體不同而有變異。複眼
腎形。觸角紅褐色呈細長絲狀，長度超過體長。前翅革質，紅褐色，左上
右下互相交疊。足黃橙至紅褐色，有明顯棘刺。腹部末端具一對尾毛，尾
毛最末節長度約為寬度的三倍；肛上板後緣中央明顯凹陷。

　　與相近種澳洲家蠊相比，本種前翅無明顯斑紋，澳洲家蠊則在前翅近

昆蟲綱

蜚蠊目

■成蟲外觀紅褐色具有光澤，足有明顯
棘刺。

■足黃橙至紅褐色，複眼黑色呈腎形。

基部外側具黃橙色縱紋；本種前胸背板之斑紋邊緣較模糊，澳洲家蠊前胸背板之斑紋與底色則對比鮮明。另一相近種棕色家蠊外表亦與本種相似，但棕色家蠊前胸背板表面之斑紋較不明顯。

　　美洲家蠊是居家室內最常見的蟑螂之一，廣泛分布平地至中海拔地區。主要於夜間活動，偏好溫暖濕潤的環境，通常在人工建築物內或周邊環境出沒。在戶外往往沿著排水系統向各處擴散，菜市場、餐飲店、垃圾堆、水溝、畜牧場、下水道中常有大量族群。時常會從住宅內門窗空隙，或浴廁排水管道、電路管線進入住家室內。白天多藏匿於建築物內的牆角、櫥櫃縫隙、桌子抽屜、牆縫等陰暗處，接觸過的物體常會留下分泌物之異味。食性雜，幾乎任何有機物都吃，尤其偏好澱粉、油脂及醣類，如穀類、麵包、乳酪、水果、動物屍體，甚至皮革、壁紙都能取食，也吃廚餘及腐敗物。每隻雌蟲一生能產下 15~84 個卵鞘，平均約為 40 個，每一卵鞘內則平均有 16 粒卵。本種原產地可能在非洲，在西元 1600 年代透過當時的奴隸交易船隻而從非洲散播至美洲，長年隨人類活動擴散，現今廣泛分布世界各地。

■前胸背板斑紋隨個體不同而有變異，此為前胸紅褐色區域較發達的個體。

■美洲家蠊若蟲，外觀紅褐色。

昆蟲綱

蜚蠊目

■ 澳洲家蠊，外觀暗紅褐色，前翅具黃橙色縱紋，足有明顯棘刺。

# # 澳洲家蠊

**學名**／ *Periplaneta australasiae* (Fabricius, 1775)
**別名**／澳洲蜚蠊、澳洲蟑螂、澳洲大蠊
**分類**／昆蟲綱 Insecta，蜚蠊目 Blattodea，蜚蠊科 Blattidae

　　成蟲體長 2.7~3.5 公分，外觀暗紅褐色具有光澤。頭部大部分為前胸背板所遮蔽，僅頂端外露。前胸背板扁平，黑褐色，邊緣具鮮明淺黃至黃橙色斑紋，斑紋會隨個體不同而有變異。於前翅近基部外側，可見明顯的黃橙色縱紋，為本種之重要特徵。複眼腎形。觸角絲狀，紅褐色，長度超過體長。前翅革質，紅褐色，左上右下互相交疊。足黃橙至紅褐色，有明顯棘刺。腹部末端具一對尾毛。

　　澳洲家蠊外觀雖與美洲家蠊相似，但本種前翅基部外側具黃橙色縱

紋，美洲家蠊前翅基部則無縱紋，可藉此區分兩者；此外，本種體型稍小、體色較深，前胸背板斑紋與底色對比較為鮮明。

澳洲家蠊廣泛分布平地至低海拔地區，主要於夜間活動，喜溫暖潮濕，通常在人工建築物內或周邊環境出沒，時常會從住宅空隙或排水管道進入住家室內。白天多藏匿於建築物內的牆角、櫥櫃縫隙、桌子抽屜、牆縫等陰暗處，接觸過的物體常會留下分泌物之異味。相較美洲家蠊，本種偏好溫度較高的環境，較不耐寒。取食各類有機物，但更偏

■交配中的澳洲家蠊，恰好可見兩隻個體前胸背板之斑紋有不同變異。

■前胸背板黑褐色，邊緣具淺黃至黃橙色斑紋，斑紋與底色之間對比鮮明。足黃橙至紅褐色，具明顯棘刺。

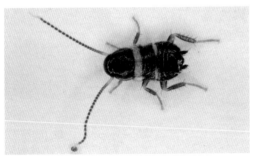

■澳洲家蠊的一齡若蟲，外觀為黑白色調。待齡期較長則會轉為紅褐至暗紅褐色。

■澳洲家蠊，接近終齡的若蟲，體色為紅褐至暗紅褐色。

昆蟲綱

蜚蠊目

好植物性的食物，除了廚餘及腐敗物，也會吃食農作物幼苗、觀賞植物。每隻雌蟲一生能產下 20~30 個卵鞘，每一卵鞘內則平均有 22~24 粒卵。雌蟲會將鄰近物質如紙張等啃咬成碎屑，再利用碎屑包覆於卵鞘外。本種最初發表時是根據採集於南亞的標本，但推測其原產地可能是非洲。現今主要分布於熱帶及亞熱帶地區。

■觸角細長呈絲狀，複眼黑色，觸角與複眼之間可見一對淺色的單眼。

■前翅基部黃橙色縱紋明顯，此特徵可與美洲家蠊區別。

■棕色家蠊，前胸背板之斑紋黃褐色，色彩不如美洲家蠊鮮明，且尾毛也較粗短。

# 棕色家蠊

**學名**／*Periplaneta brunnea* Burmeister, 1838
**別名**／棕色蜚蠊、棕色蟑螂、褐斑大蠊
**分類**／昆蟲綱 Insecta，蜚蠊目 Blattodea，蜚蠊科 Blattidae

　　成蟲體長 2.5~3.5 公分，外觀紅褐至暗紅褐色具有光澤。頭部大部分為前胸背板所遮蔽，僅頂端外露。前胸背板扁平呈暗紅褐色，具不明顯之黃褐色斑紋，斑紋隨個體不同而有變異，時常在中央會呈現近似「錨形」之圖樣。複眼腎形，紅褐色絲狀觸角長度超過體長。前翅革質，為均勻紅褐色，左上右下互相交疊。足黃橙至紅褐色，有明顯棘刺。腹部末端具一對尾毛，尾毛最末節呈三角形，長度約等於寬度。

　　本種外觀與美洲家蠊相似而容易被誤認，但本種體型略小於美洲家

昆蟲綱

蜚蠊目

■體表具光澤，足黃橙至紅褐色，前胸背板之黃褐色斑紋有時近似「錨形」。

蠊，前胸背板之斑紋較不明顯，腹部末端的肛上板相對較短，尾毛亦較美洲家蠊粗短。

棕色家蠊廣泛分布平地至低海拔地區，主要於夜間活動，通常棲息在人工建築物內或周邊環境，也會藏匿在戶外的樹皮、枯木下，接觸過的物體常會留下分泌物之異味。夜間會出現於廚房、浴室、垃圾堆及排水溝等環境，習性與美洲家蠊類似。偏好溫暖潮濕環境，一般數量較美洲家蠊少，也較不如其耐寒。食性雜，會取食各種食物與腐敗物。雌蟲所產下的卵鞘內平均具 24 粒卵。原產地可能為非洲，隨人類活動而擴散至全世界，廣泛分布熱帶及亞熱帶地區，也會出現於溫帶地區裝設有暖氣的居家環境內。

■外觀紅褐色，前胸背板以外之區域無明顯斑紋。

■家屋斑蠊,體表具鮮明淡黃色斑紋,個體間斑紋變異大。(陳彥叡／攝)

# 家屋斑蠊

**學名**／ *Neostylopyga rhombifolia* (Stoll, 1813)
**別名**／花斑蟑螂、家屋蜚蠊、菱葉斑蠊
**分類**／昆蟲綱 Insecta,蜚蠊目 Blattodea,蜚蠊科 Blattidae

　　成蟲體長 2~2.8 公分,體表黑褐至黑色,並散布鮮明的淡黃色斑紋,外觀與其他居家常見蟑螂有明顯差異。頭部大部分為前胸背板所遮蔽,僅頂端外露;頭部頂端淡黃色,複眼黑褐色。觸角為細長之絲狀,黑褐色,長度超過體長。前胸背板扁平近似半圓形,前方邊緣具近似「M字」之淡黃色條紋,延伸至左右兩側;中央通常具 4 個淡黃色對稱斑塊,部分斑塊有時延展擴大與周圍斑紋相連。中、後胸背側亦可見對稱淡黃色斑。雌雄蟲之前翅均退化,僅存翅基呈細小葉片狀,不具後翅。足淡黃色,具黑

色棘刺。腹部背側黑褐至黑色，各節在左右兩側近邊緣處具淡黃色不規則狀對稱斑紋，中央區域無斑或具淡黃色條狀對稱橫斑，腹部末端具一對尾毛。

　　家屋斑蠊分布平地至低海拔地區，主要棲息在建築物周遭，雖常見但往往數量不多。多見於鄉間民宅的廚房、廁所，戶外的垃圾堆、廚餘桶、水溝等環境，也常棲息在森林中的樹幹縫隙、地表落葉間。食性雜，取食各式有機質。原產於東南亞地區，隨人類活動而擴散，現已廣布熱帶及亞熱帶地區。

昆蟲綱

蜚蠊目

■腹部帶著卵鞘的雌蟲。家屋斑蠊成蟲的翅退化而不具飛行能力，外觀明顯不同於其他居家常見蟑螂。（程志中／攝）

■德國姬蠊外觀黃褐色，前胸背板上2條平行黑色縱紋，各足米白至黃褐色。

# 德國姬蠊

**學名**／ *Blattella germanica* (Linnaeus, 1767)
**別名**／德國蜚蠊、德國蟑螂、茶翅蟑螂、德國小蠊
**分類**／昆蟲綱 Insecta，蜚蠊目 Blattodea，姬蠊科 Ectobiidae

　　成蟲體長 1.1~1.5 公分，外觀黃褐色，雌雄相似，通常雄蟲腹部較細長，而雌蟲腹部粗短且體色略暗。複眼黑色，一對複眼之間具黑褐色橫紋，絲狀觸角黃褐至黑褐色，長度超過體長。前胸背板黃褐色，具有2條平行黑色縱向條紋。前翅革質，黃褐色，左上右下互相交疊。足米白至黃褐色，有明顯棘刺。

　　德國姬蠊廣泛分布平地至低海拔地區，在戶外多棲息於草叢及落葉堆中。因體型小，擅於利用居家環境縫隙，加上適應力強、繁殖快速，於居

■前翅黃褐色，左上右下互相交疊，表面可見半透明的翅脈。前胸背板上的 2 條黑色縱紋相當容易辨識。

家住宅及多種公共場所如餐廳、醫院等普遍易見，為室內最常見的蟑螂之一。喜高濕溫暖環境，浴室、爐具、廚房水槽周圍之縫隙處很容易吸引其前來棲息、繁殖。主要於夜間活動，行動敏捷但較少主動飛行，活動時以爬行為主。雌蟲會將產出的卵鞘夾於腹末，隨身攜帶保護，至即將孵化時，卵鞘才會脫離雌蟲。一個卵鞘中平均含有 38 粒卵。若卵鞘太早掉落，卵容易因脫水而無法正常發育。食性雜，喜歡新鮮食物，偏好碳水化合物、澱粉類，香蕉、麵包、麵粉、穀類製品、油脂、乳製品、肉類等皆可取食。德國姬蠊最早的標本記錄於丹麥，命名者林奈氏認為其檢查的標本來自德國，而將學名賦予「德國的」（germanica）意涵，然而目前推測其原產地可能在南亞地區。因族群長期隨人類活動而擴散，現已廣泛分布世界各地。

昆蟲綱

蜚蠊目

■腹面黃褐色，足米白至黃褐色，足上有明顯棘刺。

■ 德國姬蠊，雌蟲。
雌蟲腹部顯得短胖，
前翅長過腹部末端；
雄蟲前翅長度則較短。

■ 德國姬蠊，雄蟲。
雄蟲腹部瘦長，腹部
末端約與前翅等長或
露出翅外。

■ 德國姬蠊，若蟲。
胸部可見2條黑色縱
向條紋，以及中央的
黃褐色區域。

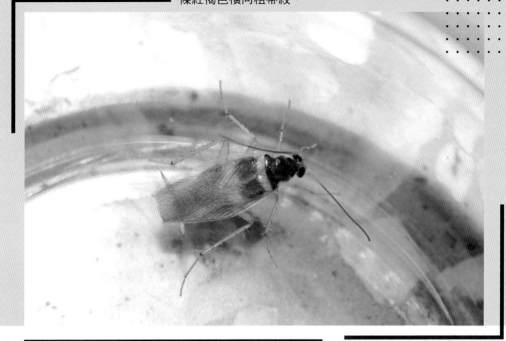

■棕帶姬蠊，雄蟲。前翅黃褐色，前半部可見 1 條紅褐色橫向粗帶紋。

# 棕帶姬蠊

**學名**／ *Supella longipalpa* (Fabricius, 1798)
**別名**／棕帶蜚蠊、長鬚帶蠊、棕帶蟑螂、長鬚蜚蠊
**分類**／昆蟲綱 Insecta，蜚蠊目 Blattodea，姬蠊科 Ectobiidae

　　成蟲體長 1~1.4 公分，外觀主要為黃褐至褐色，雌雄外表差異大。複眼黑色，絲狀觸角黃褐至黑褐色，長度超過體長。前胸背板底色淡黃透明，中央具一紅褐色大斑塊。前翅革質，左上右下互相交疊。足米白至黃褐色，有明顯棘刺。雄蟲體型較纖細，前翅黃褐色，近基部之位置具 1 條紅褐色橫向粗帶紋，帶紋前後區域顏色較淡，呈米白至淡黃色。雌蟲翅及腹部為紅褐或褐色，腹部粗短，翅未達腹部末端。

　　本種外觀及體型與德國姬蠊相似，但德國姬蠊前胸背板具 2 條縱向黑

昆蟲綱

蜚蠊目

條紋，且其前翅不具本種雄蟲之紅褐色橫向粗帶紋特徵。

　　台灣早年並無棕帶姬蠊，最早的標本記錄於 1992 年的高雄，此後逐漸在各地發現，且愈來愈普遍。如今廣泛分布平地至低海拔地區，常見於大樓、公寓等各式建築物中，亦會在戶外活動。喜溫暖潮濕環境，主要於夜間活動，性敏捷，受驚擾時往往快速跳躍逃離。雄蟲善飛行，雌蟲則無法飛行。常藏匿於廚房水槽、碗盤櫥櫃、電器與家具縫隙間。食性雜，偏好含澱粉、醣類之食物。本種原產於非洲西海岸，隨人類活動而擴散，現已廣泛分布世界各地。

■棕帶姬蠊，雌蟲。體色明顯較雄成蟲體色深，翅長不及腹部末端。

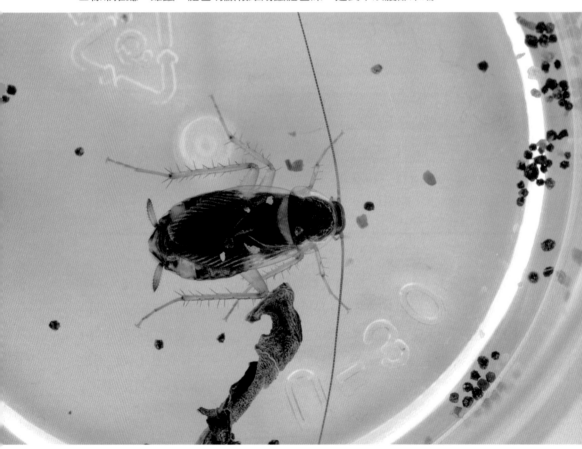

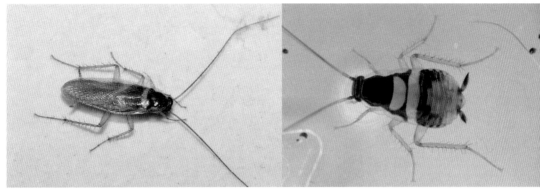

■雄蟲體色主要為黃褐色，前胸背板中央具一紅褐色大斑塊，各足米白至黃褐色，前翅覆蓋整個腹部。

■若蟲之中胸及後胸背板色淺，形成兩條清晰之米白色橫向帶狀條紋。

■棕帶姬蠊若蟲，體背面米白色帶狀條紋明顯，夜間常在廚房角落活動。

昆蟲綱

蜚蠊目

■工蟻，頭、胸、腹部皆為乳白色，不具複眼及單眼。

# 台灣家白蟻

**學名／** *Coptotermes formosanus* Shiraki, 1909

**別名／**台灣乳白蟻、家屋白蟻

**分類／**昆蟲綱 Insecta，蜚蠊目 Blattodea，鼻白蟻科 Rhinotermitidae

　　工蟻體長 3.2~5.2 公釐，體色乳白色。兵蟻體長 3.8~6 公釐，體色乳白色，頭部黃橙色，具細長、鐮刀狀的深褐色大顎，頭部在兩觸角之間有一稱為「窗點」的腺體開口。有翅生殖蟻體長（不含翅）5.4~8.5 公釐，體色黃褐色，頭部深褐色，具 2 對淡黃略透明的翅，複眼黑色。觸角為念珠狀，身體柔軟略帶透明。

　　台灣家白蟻分布台灣平地至低海拔地區，是台灣居家環境最常見，也是對建築物危害最嚴重的白蟻。台灣家白蟻為地棲性白蟻，由於體壁無法

■兵蟻，體色乳白色，頭部黃橙色，大顎發達，不具複眼及單眼。兵蟻的大顎能用於抵禦入侵者。

保水，極依賴環境濕度，平時棲息在陰暗潮濕環境，以木質纖維為食，會為害木建材、木製家具、書籍等，較偏好顏色較淡、較軟的春材。通常於地底下築巢，並會構築地下隧道與泥道，藉以搜索食物。一個巢內之個體可多達百萬隻。原產台灣與中國東南部，在第二次世界大戰後隨著美國曾駐紮在台灣的軍隊船隻跨海入侵美洲，此後再隨人類活動而擴散至世界各地溫帶、熱帶及亞熱帶地區，成為國際間重要的入侵種害蟲。

### 白蟻是蟑螂的親戚嗎？

　　白蟻類是蜚蠊目白蟻領科（Epifamily Termitoidae）中的一群昆蟲，主要分布在熱帶及亞熱帶地區，以往被歸類在「等翅目」，由於近年來分類學上的研究證實白蟻和蟑螂擁有共同祖先，彼此親緣關係相當接近，如今分類學家已廣泛接受將白蟻納入「蜚蠊目」中，成為蜚蠊總科下的白蟻領科。此外，亦有學者將白蟻的分類群放置在等翅下目（Infraorder Isoptera）階級中。台灣目前已記錄的白蟻種類約有 20 餘種，當中與人類生活有關的則約有 5 種。

昆蟲綱

蜚蠊目

族群有明確的階級特化與分工，巢中約 90％是工蟻，負責建造與清潔巢穴、覓食和照料同伴。兵蟻負責禦敵，發達的大顎能用於穿刺、攻擊入侵者；頭部的窗點能泌出乳白色防禦性液體。當巢擴張至一定程度，部分若蟲成長後會發育為有翅生殖蟻，有翅生殖蟻在每年的 5~7 月間集體分飛，具明顯趨光行為，分飛落地翅會脫落，並尋找配偶交配、建立新的族群。

　　台灣家白蟻與同屬的格斯特家白蟻外表極相似，主要差別在於台灣家白蟻兵蟻頭部之窗點兩側各具 2 根剛毛，而格斯特家白蟻兵蟻的窗點兩側則各只有 1 根剛毛，且窗點後方稍微隆起。而在有翅生殖蟻形態上，台灣

## 雨季的大水蟻

　　白蟻的有翅生殖蟻集體離巢分飛的時間，常集中在每年春夏交替之際的雨天，並容易受燈光所吸引，民間俗稱「大水蟻」、「大水螞蟻」，字面上有時會讓人與螞蟻混淆，但其實白蟻與螞蟻並非近親，兩者在分類上差異很大。

■翅已脫落的有翅生殖蟻。可見頭部呈深褐色，複眼黑色，胸部有殘留的翅基。　■工蟻頭部乳白色，僅有大顎略帶褐色。

家白蟻頭部色澤較胸、腹部為深，而格斯特家白蟻體色較均勻，頭部及胸、腹外觀皆為深褐色。此外，格斯特家白蟻的分飛期約在 3~5 月間，與台灣家白蟻的分飛期不同。

■台灣家白蟻在枯木表面利用土壤、泥沙構築的泥道。

■台灣家白蟻，兵蟻。本種及同屬兵蟻頭部於兩觸角之間的「窗點」（箭頭處）為額腺開口，能泌出乳白色液體。若在顯微鏡下觀察，可發現窗點左右兩側各具 2 根剛毛。

■有翅生殖蟻，體色黃褐色，頭部色澤較深，翅淡黃略透明。分飛期經常受燈光吸引而飛進室內。

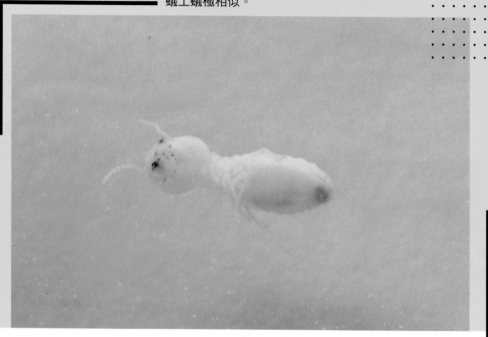

# 格斯特家白蟻

**學名**／ *Coptotermes gestroi* (Wasmann, 1896)
**別名**／印緬乳白蟻、東南亞乳白蟻、格斯特乳白蟻
**分類**／昆蟲綱 Insecta，蜚蠊目 Blattodea，鼻白蟻科 Rhinotermitidae

　　工蟻體長 3.5~5 公釐，體色乳白色。兵蟻體長 3.7~5.8 公釐，體色乳白色，頭部黃橙色，具細長、鐮刀狀的深褐色大顎，頭部在兩觸角之間有一稱為「窗點」的腺體開口，且窗點後方稍隆起。有翅生殖蟻體長（不含翅）6~7.8 公釐，體色深褐色，具 2 對淡黃略透明的翅，複眼黑色。觸角為念珠狀，身體柔軟略帶透明。

　　格斯特家白蟻主要分布在台灣中南部的都市環境，以及中部低海拔山區，在南部地區居家環境之出現頻率高於台灣家白蟻。平時棲息在陰暗潮

濕環境，以木質纖維為食，木建材、木製家具、書籍皆為其取食之對象，且較偏好顏色較淡較軟的春材。通常於地底下築巢，並會構築地下隧道與泥道，藉以搜索食物。一個巢內之個體可多達百萬隻。原產東南亞地區，現已隨人類活動而擴散至世界各地熱帶及亞熱帶地區，台灣之族群最初由菲律賓所入侵。

　　族群有明確的階級特化與分工，群體中有工蟻、兵蟻，以及有翅生殖蟻。有翅生殖蟻在每年的 3~5 月間集體分飛，具明顯趨光行為。飛入室內的個體常因無法找到潮濕木頭或土壤定居而脫水死亡。

　　格斯特家白蟻之工蟻、兵蟻乃至生殖蟻，形態及習性都與同屬的台灣家白蟻類似。然而格斯特家白蟻兵蟻頭部窗點兩側各具 1 根剛毛，台灣家白蟻兵蟻窗點兩側則各具 2 根剛毛。格斯特家白蟻有翅生殖蟻體色較均勻，頭部及胸、腹外觀皆為深褐色，單眼之間可見一對新月形淺色斑紋；台灣家白蟻有翅生殖蟻的頭部色澤則較胸、腹部為深，單眼之間無明顯斑紋。

■工蟻，全身乳白色，不具複眼及單眼。

■兵蟻，體色乳白色，頭部黃橙色，大顎發達，不具複眼及單眼。

■有翅生殖蟻，體色深褐色，翅淡黃略透明。與台灣家白蟻的有翅生殖蟻相比，格斯特家白蟻體色較均一。

昆蟲綱

蜚蠊目

■工蟻，全身乳白色，不具複眼及單眼。

# 黃肢散白蟻

**學名／** *Reticulitermes flaviceps* (Oshima, 1908)
**別名／** 黃胸散白蟻、黃腳網白蟻、台灣長頭散白蟻
**分類／** 昆蟲綱 Insecta，蜚蠊目 Blattodea，鼻白蟻科 Rhinotermitidae

　　工蟻體長 2.7~5.3 公釐，體色乳白色。兵蟻體長 2.8~5.4 公釐，體色乳白色，頭部黃橙色，頭部外觀近似長橢圓形，具細長、鐮刀狀的深褐色大顎，右大顎內側直而端部向內彎。有翅生殖蟻體長（不含翅）3.8~5.4公釐，頭部及腹部背側深褐色，前胸背板則明顯呈黃橙色，各足脛節呈黃橙色，具 2 對灰褐略透明的翅，翅的前緣有兩條明顯粗厚的翅脈，翅面不具小細毛，複眼黑色。觸角為念珠狀，身體柔軟略帶透明。

　　黃肢散白蟻為台灣特有種，分布於全島包括綠島和蘭嶼等地，主要棲

■工蟻，全身乳白色，不具複眼及單眼。

■兵蟻，頭部黃橙色，大顎發達向前凸出，不具複眼及單眼。

■兵蟻的頭部與其他常見種類相比，外觀顯得較狹長。

昆蟲綱

蜚蠊目

息在低海拔山區，且常見於北部地區，有時也會出現在居家環境中。築巢於潮濕的朽木或土壤中，巢體通常不大且分散於地下。棲息區域周圍通常較少見到明顯泥道，會在樹皮下或樹幹中開挖隧道。偏好取食枯木、倒木及木質建材。

　　族群有明確的階級特化與分工，群體中有工蟻、兵蟻，以及有翅生殖蟻。有翅生殖蟻在 12 月至隔年 5 月間集體分飛。黃肢散白蟻之分飛習性與其他居家常見的白蟻略有不同，其分飛時段一般為晴朗白晝，而非夜間。已知同屬的白蟻在台灣共有 3 種，外觀相似不易區分，但本種主要分布於低地山丘，其他兩種白蟻則分布於中海拔山區，因此在居家環境出現者多為黃肢散白蟻。

■有翅生殖蟻，體色深褐色，前胸背板和足脛節明顯呈黃橙色。（程志中／攝）

■工蟻，體色乳白色，頭部黃橙色，不具複眼及單眼。

# 台灣土白蟻

**學名**／ *Odontotermes formosanus* (Shiraki, 1909)
**別名**／黑翅土白蟻、台灣白蟻、大水蟻
**分類**／昆蟲綱 Insecta，蜚蠊目 Blattodea，白蟻科 Termitidae

　　工蟻體長 2.6~4.5 公釐，體型相對較其他常見種類的工蟻短小，體色乳白色，頭部黃橙色。兵蟻體長 3.7~6.5 公釐，體色乳白色，頭部黃橙色，深褐色的大顎細長呈鐮刀狀。兵蟻的左大顎端部彎曲且尖銳，內側有一明顯的齒狀構造，此為本種之獨特特徵。有翅生殖蟻體長（不含翅）10~12.7 公釐，體型明顯大於其他 4 種常見白蟻的有翅生殖蟻，體色黑褐色，前胸背板中央可見十字形的淡黃色斑紋，翅褐色，複眼黑色。觸角為念珠狀，身體柔軟略帶透明。

昆蟲綱

蜚蠊目

台灣土白蟻廣布平地至高海拔山區，是台灣戶外環境最優勢的白蟻，山區樹木及公園行道樹都有機會見其蹤跡。偶見於室內場所，但能見度遠不及戶外。取食枯樹、腐朽木等木質纖維，有時也會取食與土壤接觸的木建材，通常不會取食健康的活體樹木。築巢於土壤深處，且能與真菌共生。工蟻會蒐集枯枝、落葉等含纖維素之物質，將其分解為小碎片用於培育真菌，以供族群食用，例如人類常採來食用的雞肉絲菇（*Termitomyces* spp.）即與台灣土白蟻有共生關係。活動區域可見明顯的泥道，泥道形狀多變，呈板狀、樹枝狀或不規則狀，常見於枯樹或物體表面。巢由許多腔室組成，腔室數目由若干至約 20、30 餘個不等，巢內之白蟻個體總數可達數十萬甚至百萬隻以上。分布亞洲地區，可見於台灣、中國、日本、柬埔寨、緬甸、泰國、越南等。台灣除本島外，尚可見於澎湖、琉球嶼、金門、馬祖，但蘭嶼、綠島則無分布。族群有明確的階級特化與分工，群體中有工蟻、兵蟻，以及有翅生殖蟻。有翅生殖蟻在每年約 4~7 月間的雨季集體分飛，具明顯趨光行為。

■有翅生殖蟻，體色黑褐色，翅褐色，摺疊時呈黑褐色。

■工蟻（左）與兵蟻（右）之外觀比較。 ■兵蟻，體色乳白色，頭部黃橙色，大顎發達，
不具複眼及單眼。

■有翅生殖蟻，其體型為台灣常見白蟻 ■台灣土白蟻在木製支架上以土壤構築的泥道。
中最大者。 一般低海拔山區枯木及戶外木造物上的泥道，由
台灣土白蟻所構築者占大多數。

■兵蟻頭部特寫，左
大顎內側有一近直角
的齒狀構造，右大顎
則光滑不具齒狀構
造。此特徵可與其他
常見白蟻區別。

昆蟲綱

蜚蠊目

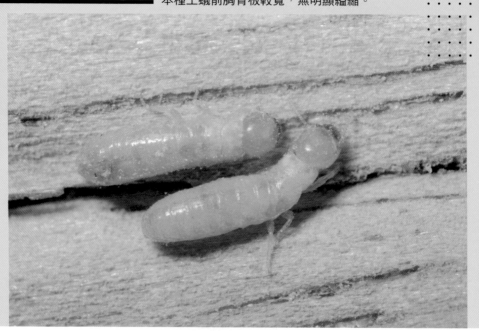

■工蟻，全身乳白色。與其他常見的白蟻相較，本種工蟻前胸背板較寬，無明顯縊縮。

# 截頭堆砂白蟻

**學名**／ *Cryptotermes domesticus* (Haviland, 1898)
**別名**／大黑白蟻、乾木白蟻
**分類**／昆蟲綱 Insecta，蜚蠊目 Blattodea，木白蟻科 Kalotermitidae

　　工蟻體長 3.7~5.6 公釐，體色乳白色，前胸背板前緣略呈「V 形」，兩側無明顯縊縮。兵蟻體長 3.1~5.8 公釐，體色乳白色，頭部黑褐色而前端呈近垂直之截面狀，大顎粗短。有翅生殖蟻體長（不含翅）4.2~6 公釐，體色黃褐色，觸角及足淡黃色，翅淡黃略透明，複眼黑色。觸角為念珠狀，身體柔軟略帶透明。

　　截頭堆砂白蟻分布於台灣低海拔地區，為木棲型白蟻，性耐乾旱，為台灣居家常見的白蟻中唯一能長期在乾燥木材中生存，不須仰賴外部水

■翅已脫落的有翅生殖蟻，頭部色澤略深，複眼黑色，胸部有殘留的翅基。

■兵蟻頭部特寫。前端有一近乎平坦的區域，彷彿被截斷般，此為俗名中「截頭」之由來。

源的物種，且對於木材種類的接受度相當高。本種不會取食植物活體，而是取食枯木或活樹上的死亡部位。也會對室內的木製家具、木裝潢造成危害，常見於寺廟、古蹟等木構造建築物中。平時棲息在取食木材所造成的不規則狀隧道空間中，不接觸土壤。隧道中可見六角形砂粒狀的糞便堆積，然而危害初期隧道多不外露，因此不易讓人察覺。經長時間蛀蝕的木料會有部分隧道外露，工蟻會將部分糞便自外露之孔洞向外推出，故會堆積於木材周圍。俗名中的「堆砂」字眼便來自其活動區域常有乾燥糞便聚集成堆的特性。本種起源於東南亞，因人為運輸而廣泛分布於亞洲、大洋洲與中美洲；亞洲可見於台灣、中國、日本、泰國、越南、馬來西亞、新加坡、印尼等國。

■有翅生殖蟻，
體色黃褐色，翅
淡黃略透明。

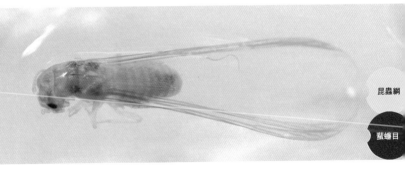

昆蟲綱

蜚蠊目

群體中有工蟻、兵蟻，以及有翅生殖蟻，然而木白蟻科的工蟻及若蟲在缺乏生殖蟻或環境不適合時，能快速轉變成有翅生殖蟻，由於此特性而使其能快速發展群體，造成更大的危害。截頭堆砂白蟻的有翅生殖蟻對溫度、濕度及大氣壓力的容忍度較高，因此分飛的季節較長，但因有翅生殖蟻分飛數量不多，較不易觀察。分飛季節可能為 4 月至 9 月，但其餘月分也有零星出現紀錄，分飛時間通常在傍晚，具趨光性。兵蟻特化的頭部狀如塞子，能用於堵住木材中的隧道，以抵擋螞蟻等天敵入侵。

■兵蟻，體色乳白色，頭部黑褐色，尤其前端顏色偏深，頭部形狀似「塞子」。

■木材切面，截頭堆砂白蟻造成的隧道，　　　　■截頭堆砂白蟻所蛀穿的木製家具。
　　內有糞便堆積。

■截頭堆砂白蟻的糞便，外觀似砂粒，長約 0.6~0.8 公釐。

■棲息在隧道中的兵蟻與工蟻。

昆蟲綱

蜚蠊目

■穀粉茶蛀蟲體小而柔軟，身體扁平，不具翅。

# #穀粉茶蛀蟲

**學名**／*Liposcelis bostrychophila* Badonnel, 1931
**別名**／嗜卷書蝨、茶蛀蟲、粉嚙蟲
**分類**／昆蟲綱 Insecta，嚙蝨目 Psocodea，書蝨科 Liposcelididae

　　成蟲體長 0.9~1.3 公釐，體表黃褐至深褐色。體小而柔軟，扁平無翅，體表布滿微毛。頭部具高而凸出的後頭楯。複眼小，黑色，位於頭部兩側。觸角細長呈絲狀，後足腿節明顯扁平膨大。腹部背側第 3~7 節之後緣膜質，形成淺色橫帶。

　　穀粉茶蛀蟲在台灣分布於平地至低海拔山區，一般棲息在野外的樹皮、鳥巢、枯枝落葉間，也普遍存在建築物中，偏好陰暗且溫暖、潮濕的環境。於自然環境中普遍以真菌與有機物碎屑為食，在居家環境中能取食

■薏仁表面所孳生的個體。當倉儲食品上發現許多褐色小蟲，即很可能為穀粉茶蛀蟲或其他同屬的嚙蟲。

■聚集在腰果表面的個體。細小的褐色粉屑狀物為其糞便，體型略小、體色較淡者為若蟲。

室內物品表面之黴菌、寵物飼料、動植物標本、儲藏食品、食品碎屑及食品表面所孳生之黴菌，取食範圍相當廣泛。由於體型微小，容易從食品包裝之破損缺口、縫隙侵入，為植物性加工食品常見的次要害蟲。食品類之米、燕麥、麵粉、薏仁、腰果、餅乾、奶粉，均為其取食對象，尤其常孳生於破損、已遭其他蟲蛀食或受潮的食品中。

### 嚙蟲、蝨子一家親

「嚙蟲」是一群以真菌和有機物的碎屑為食的昆蟲，包含書蝨在內，牠們過去被歸類在「嚙蟲目」（Psocoptera），而靠吸食動物血液維生的「蝨子」、咬食鳥羽毛的「羽蝨」則原來屬於毛蝨目（Phthiraptera）。由於後續的研究證據顯示此兩目親緣關係相當接近，此兩個目遂合併為嚙蝨目（Psocodea）；意即書蝨、嚙蟲、羽蝨、頭蝨等昆蟲，現今都是嚙蝨目中的成員。

昆蟲綱

嚙蝨目

穀粉茶蛀蟲之發生多與潮濕、黴菌有關，一般將室內保持乾燥、明亮，空氣濕度控制在約 60％ 以下能抑制其生長。已知本種一般行孤雌生殖，繁殖快速，族群中幾乎為雌性，雄性相當罕見。本種為世界共通種，隨人類商業活動而到處散布，廣泛分布世界各地，亞洲於台灣、日本、中國等皆相當常見。

　　同屬種類在台灣居家環境常見者可能至少有 3 種，彼此外表極相似，單憑外觀僅能作概略辨識，須根據體表微毛長度與比例、刻紋與瘤突之分布，以及透過解剖生殖器、口器等顯微構造方能作精確鑑定。

## 書蝨──書本夾縫裡常見的昆蟲

　　書蝨科的齧蟲因常出現於久置的書本、紙張間，因此通稱「書蝨」，但牠們不蛀食書本，而是取食書本表面的微小真菌菌絲。齧蟲又稱為「茶蛀蟲」，日文裡齧蟲的漢字則為「茶立虫」，據說是因為某些齧蟲會發出類似日本人泡茶時攪拌茶粉的聲音，因此而得名。

■頭部具高而凸出的「後頭楯」構造，及發達的後足腿節。

■後足側看可見腿節明顯寬扁、膨大。

後頭楯

後足腿節

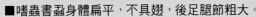
■嗜蟲書蝨身體扁平，不具翅，後足腿節粗大。

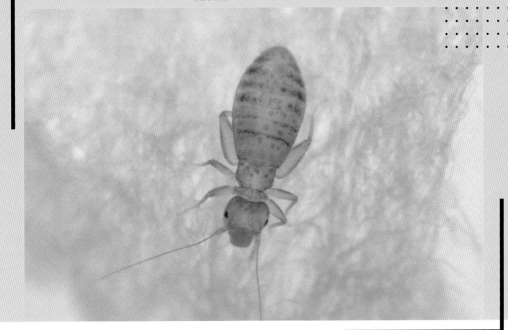

# 嗜蟲書蝨

**學名**／ *Liposcelis entomophila* (Enderlein, 1907)
**分類**／昆蟲綱 Insecta，齧蟲目 Psocodea，書蝨科 Liposcelididae

　　成蟲體長 0.9~1.5 公釐，體表黃褐至深褐色。體小而柔軟，扁平無翅，體表布滿微毛。頭部具高而凸出的後頭楯，複眼黑色，位於頭部兩側。觸角細長呈絲狀，後足腿節明顯寬扁粗大。腹部背側第 3~4 節之後緣，以及 6~9 節之前緣，可見紅褐至黑褐色之橫紋；橫紋中央往往斷開。

　　嗜蟲書蝨偏好陰暗且溫暖、潮濕的環境，可在建築物內的牆面、裂縫、發霉的牆角、浴室等地方發現，在戶外則少見。主要以環境中的真菌、有機物碎屑為食，常發生在濕度較高的家庭中，有時會大量出現於裝潢後的

昆蟲綱

齧蟲目

建築物內。在台灣較少發現於儲藏食品中。為兩性生殖種類，族群中雌雄兩性比例大約相等。本種外觀與同屬的穀粉茶蛀蟲相似，可藉由腹部橫紋特徵與之區別。有時嗜蟲書蝨、穀粉茶蛀蟲兩者，及同屬種類也可能混棲。廣泛分布世界各地。

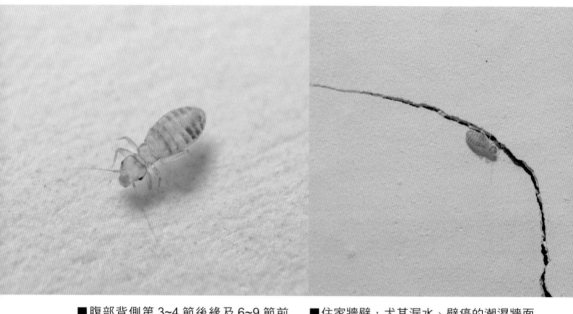

■腹部背側第 3~4 節後緣及 6~9 節前緣，可見紅褐至黑褐色橫紋。

■住家牆壁，尤其漏水、壁癌的潮濕牆面常有機會發現嗜蟲書蝨。

■停棲在牆面的個體。

■住宅牆面上活動的嗜蟲書蝨通常數量零星，個體間彼此不接近，不太容易讓人注意到。

■黑茶蛀蟲體色為暗褐色，複眼發達。

# 黑茶蛀蟲

**學名**／*Psoquilla marginepunctata* Hagen, 1865
**別名**／緣斑圓嚙
**分類**／昆蟲綱 Insecta，嚙蟲目 Psocodea，圓翅嚙蟲科 Psoquilidae

　　成蟲體長 0.7~1.4 公釐，體色呈暗褐色，體表散布不規則白色淡紋。體小而柔軟，體表布滿微毛，具翅。複眼發達呈黑色，頭部具凸出的後頭楯。觸角細長呈絲狀，灰至暗褐色，各節基部通常色較淡。前翅黑褐色，翅邊緣可見整齊鮮明的白色斑塊。各足腿節米白色，脛節及跗節為黑白交雜。

　　本種具有「短翅型」與「長翅型」個體，平時短翅型較常見。但在密度較高的族群中，若蟲在擁擠情形下互接觸，易觸發長翅型成蟲產生。特

昆蟲綱

嚙蟲目

■前翅邊緣具鮮明的白色斑塊，易與其他種類的嚙蟲區分。

■各足大致呈米白色，脛節及跗節具灰黑色斑。

別是雌蟲，長翅型的增加數量往往高於雄蟲。

　　黑茶蛀蟲在台灣分布於平地至低海拔山區，以真菌為食。一般出現在發霉嚴重的環境，於濕度高且較不通風的建築物室內，便有機會大量發生。通常會出現在牆面、地下室、浴室洗手台縫隙、排水孔、發霉的家具、紙箱及儲藏物品等，在戶外則多棲息於枯葉、樹皮下、木頭或鳥巢中。隨著人類的活動，本種廣泛分布世界各地，包括美洲、歐洲及亞洲等地區。

■黑茶蛀蟲在高濕環境下易大量發生。此為棲息在濕度較高之地下室的黑茶蛀蟲（右）及死亡個體的殘骸（左）。

■拉氏擬竊嚙蟲，複眼黑色，體色呈淡褐至褐色，體表具黑褐色斑紋。

# 拉氏擬竊嚙蟲

**學名**／ *Psocathropos lachlani* Ribaga, 1899
**分類**／昆蟲綱 Insecta，嚙蝨目 Psocodea，裸嚙蟲科 Psyllipsocidae

　　成蟲體長 1~1.4 公釐，體色呈淡褐至褐色，體小而柔軟，體表可見明顯黑褐色斑紋。翅透明，前翅翅脈清晰分明。後翅退化，相當微小且無翅脈。頭部之後頭楯凸出，複眼黑色；頭部前側具似「M字」或「八字」的黑褐色斑紋，斑紋並延伸至與觸角基部及複眼周圍。腹部背側中央有一斷斷續續之黑褐色縱帶，通常腹部背側前端及中段又各有一道橫帶與該縱帶交會；在腹部左右兩側各有大塊不規則狀黑褐色斑。觸角細長呈絲狀，淡褐至黑褐色，各節基部通常色較淡。頭及胸部、觸角與前翅表面有明顯的

昆蟲綱

嚙蝨目

長剛毛，腹部表面之剛毛則較細小不明顯。本種具有「短翅型」與「長翅型」的個體，短翅型個體較常見，其前翅長度通常未達腹部末端，但個體間翅長也有很大變異。

　　拉氏擬竊嚙蟲通常棲息在人類居所中，是室內環境中相當常見的物

■通常短翅型個體較常見，其翅長未達腹部末端。　　■複眼黑色，頭部可見黑褐色斑紋，翅透明且翅脈清晰。

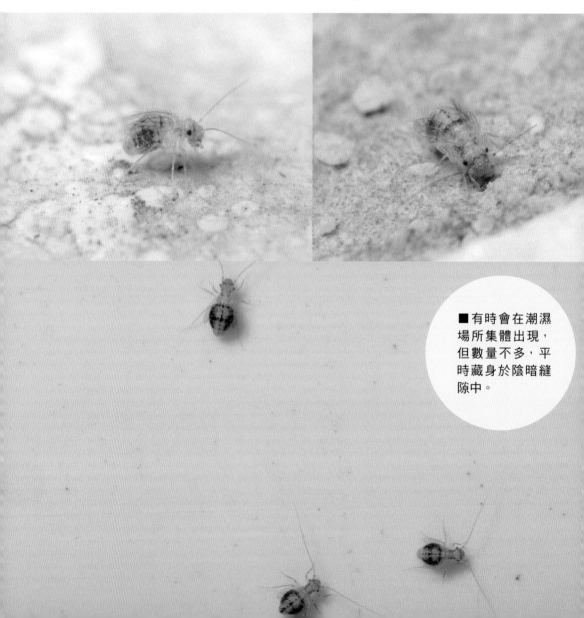

■有時會在潮濕場所集體出現，但數量不多，平時藏身於陰暗縫隙中。

種，在建築物內幾乎到處可見。較常出現的地點為住家牆面、陰暗的地下室、浴室角落，以及舊書和儲存物品上，主要以黴菌為食。在戶外則可發現於地表落葉堆中，在國外也曾發現棲息於洞穴內。受驚擾時會有明顯的彈跳行為。隨著人類的活動，本種廣泛分布世界各地，主要分布於全球熱帶與亞熱帶地區。

■拉氏擬竊齧蟲，因體型小及體色不特別醒目，停棲在水泥牆或磁磚縫隙間時不容易為人所察覺。

昆蟲綱

齧蟲目

■外嚙蟲，外觀黃橙色，複眼暗紅色，頭頂有 3 個單眼。

# 外嚙蟲

**學名**／ *Ectopsocus* sp.
**分類**／昆蟲綱 Insecta，嚙蟲目 Psocodea，外嚙蟲科 Ectopsocidae

　　成蟲體長 1~1.3 公釐，體色呈淡黃至黃橙色，體表具褐色剛毛。翅透明，長度超過腹部末端，平時交疊於體背側呈「屋脊狀」。前翅翅痣近長方形，前緣具近三角形之暗橙色斑。頭部之後頭楯凸出，複眼暗紅色，近圓形，明顯外凸。複眼與觸角之間具有 3 個單眼，單眼外緣紅橙色。觸角絲狀，黃橙至灰色。

　　本屬種類多棲息在地面的枯枝落葉，或樹木上萎凋的葉子，以真菌為食。於住家中則常出現在陰暗發霉的角落，偶爾也出現在儲藏的穀物、發

霉的物品表面，個體常聚集在一起。喜溫暖潮濕，尤其夏季時常在室內大量發生。平時活動以爬行為主，受驚擾時會彈跳，雖具翅但較少飛行。本屬種類有吐絲護卵的習性，產卵後會以絲線覆蓋於卵上，也會在枯葉或牆角邊緣製造凌亂不規則絲網，若蟲及成蟲並躲藏於其下。本屬物種廣泛分布世界各地，本屬在台灣目前已記錄者約有3種，彼此外觀相似不易區分，尚待進一步研究。

■翅透明，長度超過腹末，前翅翅痣近長方形，翅痣前緣具近三角形之暗橙色斑。

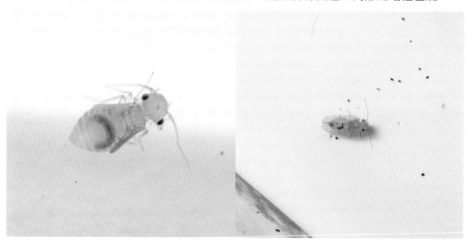

■外嚙蟲終齡若蟲，體長約 1.1 公釐，體表可見尚未發育完全的翅芽。

■在浴室潮濕角落活動的個體，以及周圍的黑色糞便。

昆蟲綱

嚙蟲目

■受燕麥片表面黴菌所吸引而來的外嚙蟲。

■外嚙蟲的卵,每一粒皆黏附在細小的絲上。

# # 頭蝨

**學名**／ *Pediculus humanus capitis* De Geer, 1778
**分類**／昆蟲綱 Insecta，嚙蝨目 Psocodea，蝨科 Pediculidae

　　成蟲體長 2~3.4 公釐，體色呈灰白至深褐色，身體上下扁平，無翅。複眼黑色，觸角粗短，共 5 節。胸部寬於頭部。足發達，各足端部特化為攀緣足，由脛節、跗節及跗節末端的爪形成「鉗狀」，利於攀附在毛髮上。雌蟲腹部末端凹陷，雄蟲腹部末端則圓鈍無凹陷。

　　頭蝨以人類血液為食，因此生活與人類相依，多寄生在人體頭部或頸部毛髮，主要經由身體接觸或共用梳子、枕頭等貼身物品而感染，宿主身體遭吸血的部位會產生發癢不適感。以年約 3~10 歲的兒童和長髮女性為

昆蟲綱

嚙蝨目

感染頭蝨的主要族群，在台灣各地學校、幼兒園都曾有集體感染的案例。頭蝨一日約進食 4~10 次，若未進食，將於 1~2 日內死亡。成蟲壽命最長不超過 30 日。雌蟲在產卵時，會以分泌物將卵膠黏於頭髮基部，因此卵會緊緊黏附在患者的髮根，難以靠水洗方式除去。頭蝨雖不會引起重大疾病，但若感染頭蝨後因發癢而抓破皮膚，則可能造成細菌感染。驅除頭蝨目前最常用的方法是以細齒梳子除掉頭髮上的蟲卵、將頭髮剃除，或使用抗頭蝨藥物，但藥物的使用易使頭蝨產生抗藥性而終告失效。本種廣泛分布世界各地。

　　外觀相似的「體蝨」（*Pediculus humanus humanus*）與頭蝨為同種不同亞種。但體蝨的體色較淺，觸角較長及窄，且腹部末端沒有凹陷。體蝨平時藏匿在衣物縫隙、衣服與人體接觸的區域，靠吸食人體血液維生，不過台灣現今已極少發現體蝨。

■頭蝨若蟲，玻片標本。

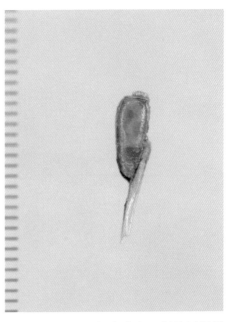

■頭蝨，玻片標本。各足特化為攀緣足，終生無翅。

■頭蝨的卵，一般多產在頭髮的近髮根處。由於留下的卵殼會隨著頭髮的生長而逐漸遠離髮根，其位置可用來估算感染頭蝨的時間長短。

■鉗狀的攀緣足有利於鉤住人類的毛髮。

昆蟲綱

嚙蟲目

■溫帶床蝨，背面可見翅幾乎退化。前翅翅基短小如鱗片狀，後翅闕如。

# # 溫帶床蝨

**學名**／*Cimex lectularius* Linnaeus, 1758
**別名**／溫帶臭蟲
**分類**／昆蟲綱 Insecta，半翅目 Hemiptera，臭蟲科 Cimicidae

　　成蟲體長 4~7 公釐，外觀紅褐色，身體扁平呈卵圓形。複眼凸出，觸角 4 節。前胸背板前半部內凹，無翅，僅存退化的前翅翅基。本種前胸背板整體較為寬扁，此特徵可與同屬近似種熱帶床蝨區別。

　　白天時潛伏於住宅內的牆縫、插座、櫥櫃、沙發、床墊等各式狹小縫隙，不喜光線，通常在夜間住家熄燈時才活動，有群聚習性。雌雄及若蟲皆主要以哺乳類動物血液為食，吸食血液的對象以人為主，但也可以吸食鳥類、蝙蝠、兔類等動物的血液，宿主受叮咬之部位會因溫帶床蝨注入的

抗擬血物質而產生紅腫、發癢症狀。常會叮咬人的頸部、四肢等暴露在衣物外的部位。會受人類的體熱及呼吸所排出的二氧化碳所吸引，藉此找到宿主，並在牆壁縫隙或家具表面排出血便，留下黑褐色的糞漬。身上具有臭腺，能分泌臭液，藉以防禦及促進交配。抗寒能力強，在低溫環境下會進入冬眠狀態，同屬的熱帶床蝨則無此行為。廣泛分布世界各地，因擅長鑽進各類狹縫中躲藏，近年來常藏匿於人類攜帶之行李箱或衣物等物品縫隙，並隨之擴散。

■溫帶床蝨，前胸背板兩側寬扁。　　■溫帶床蝨，腹面觀。

昆蟲綱

半翅目

■熱帶床蝨，背面可見翅幾乎退化。前翅翅基短小如鱗片狀，後翅闕如。

# 熱帶床蝨

**學名**／ *Cimex hemipterus* (Fabricius, 1803)
**別名**／熱帶臭蟲
**分類**／昆蟲綱 Insecta，半翅目 Hemiptera，臭蟲科 Cimicidae

　　成蟲體長 5~7 公釐，外觀紅褐色，身體扁平呈卵圓形。複眼凸出，觸角 4 節。前胸背板前半部內凹，無翅，僅存退化的前翅翅基。與同屬之溫帶床蝨相較，本種前胸背板之左右兩側較呈圓弧且狹窄，前方之凹陷也較淺。

　　白天時潛伏於住宅內的牆縫、插座、櫥櫃、沙發、床墊等縫隙處，夜間時活動、吸血，有群聚習性。以哺乳類動物的血液為食，主要吸食血液的對象為人，但也可以吸食鳥類、蝙蝠、兔類等動物的血液，叮咬過之

部位會因被注入抗擬血物質而紅腫、發癢。與溫帶床蝨同，本種能夠透過
人類的體熱及呼吸所排出的二氧化碳而找到宿主，活動區域的牆壁縫隙或
家具表面會留下血便汙漬。身上具有臭腺，能分泌臭液用以防禦與促進交
配。本種雖與同屬的溫帶床蝨外表近似，但兩者並不能雜交產生後代。熱
帶床蝨屬於熱帶種類，主要分布全球熱帶與亞熱帶地區，與溫帶床蝨相
比，分布區域較為侷限。

■熱帶床蝨，前胸背板兩側較為圓且
狹窄。

■熱帶床蝨，腹面觀。

昆蟲綱

半翅目

■粉斑螟蛾，外觀灰褐色，前翅表面具橫向灰黑色帶紋，但有時不明顯。

# 粉斑螟蛾

**學名**／ *Cadra cautella* (Walker, 1863)
**別名**／粉斑螟、乾果螟、乾果斑螟
**分類**／昆蟲綱 Insecta，鱗翅目 Lepidoptera，螟蛾科 Pyralidae

　　成蟲體長 6.2~10 公釐，展翅寬 14~22 公釐，外觀灰褐色。複眼紅褐至黑褐色，體表布滿鱗片。前翅狹長，表面通常可見 2~3 道橫向灰黑色帶紋，以近前翅中段之帶紋最為明顯。後翅灰白色，翅脈及末端灰褐色。觸角絲狀，口器兩側可見一對向上彎曲的下唇鬚。幼蟲乳白至淡黃色，背面有黑點。

　　本種成蟲之頭部前端不具圓錐狀鱗片叢，且蛹之背面無縱向凸起構造，依此可與穀物中另一種常見的外米綴蛾區別。

粉斑螟蛾為倉儲穀物與中藥材的知名害蟲，多出現於穀倉或室內環境，有時也會在社區、市場等周邊有建築物的環境出沒。幼蟲能於較低濕度的環境中生存，食性相當雜，能藏匿於多種市售乾燥食品中，並隨著袋裝食品被攜入家庭環境，尤以蒜頭、白米、糙米中最常發現其蹤跡。也會取食燕麥、玉米片、腰果、大豆、花生、麵粉、餅乾、當歸，甚至水果乾、奶粉等食品。幼蟲吐絲黏附食品碎屑、糞便，形成隧道或團塊狀，並藏身其內。終齡幼蟲在各種縫隙、食品內部或表面吐絲結白色薄繭，並於其內化蛹。成蟲不取食，生性活潑，受驚擾時會四處飛竄。若不留意，有時會導致族群擴散至家中其他未受害的儲藏食品。

　　每隻雌蟲能產 150~200 粒以上的卵，因此一些久置的食品中有可能會突然發現大批蟲體，實際上則是早先已有夾帶若干卵粒。分布遍及世界各地。

■從花生中羽化出的成蟲。　　　　■撥開玉米片堆後發現的粉斑螟蛾蛹，以及周圍顆粒狀的幼蟲糞便。

昆蟲綱

鱗翅目

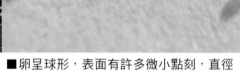

■幼蟲，外觀乳白至淡黃色，頭部紅褐色，體表有明顯黑點，黑點上有剛毛著生。

■卵呈球形，表面有許多微小點刻，直徑約 0.3~0.4 公釐，極微小難以讓人察覺。

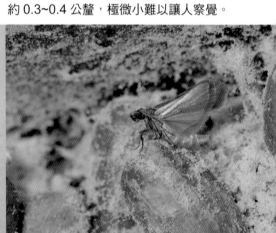

■正在交配的成蟲。

■成蟲展翅，露出灰白色的後翅腹面。

■成蟲前翅表面可見 2~3 道灰黑色帶紋，又以近前翅中段之帶紋最明顯。

■外米綴蛾，停棲時通常身體前方提高，身體呈明顯斜面。

# 外米綴蛾

**學名**／ *Corcyra cephalonica* (Stainton, 1866)
**別名**／米螟、米蛾
**分類**／昆蟲綱 Insecta，鱗翅目 Lepidoptera，螟蛾科 Pyralidae

　　成蟲體長 7~12 公釐，展翅寬 14~24 公釐，外觀黃褐至灰褐色。複眼黑褐色，觸角絲狀，頭部前端鱗片叢呈圓錐狀排列。前翅狹長，黃褐至灰褐色，表面斑紋通常不明顯，外側邊緣有一列細小模糊的橫向黑褐色斑點。後翅淡黃色，較前翅稍寬。雌蟲下唇鬚較長，向前或向下彎曲；雄蟲下唇鬚短，藏於鱗片內而不明顯。

　　本種成蟲除頭頂可見明顯的圓錐狀鱗片叢外，蛹之背側尚具有一列縱向凸起，並且幼蟲體表無明顯黑點，這些特徵可與同科的粉斑螟蛾區別。

昆蟲綱

鱗翅目

此外，本種成蟲在停棲時，身體前方常會提高，故身體側看會呈明顯的斜角。

外米綴蛾多發現於穀倉或室內環境中，幼蟲主要危害糙米、白米，也能取食麵粉、玉米、堅果、花生、餅乾、巧克力等，且能於較低濕度的環境中生存，是重要且知名的倉儲穀物害蟲，在熱帶地區常在麵粉工廠被發現。成蟲為夜行性，在夜間較活躍。每隻雌蟲能產 100~200 粒卵，成蟲通常產卵於穀物之表面。幼蟲吐絲會造成穀物結成團塊狀，並於其內取食。廣泛分布世界各地。

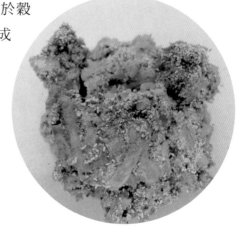

■幼蟲吐絲使穀物結成團塊狀。

■外米綴蛾，前翅為均勻的黃褐至灰褐色，體表斑紋不明顯，頭部前端具圓錐狀鱗片叢。

■成蟲腹面，體表及足皆布滿鱗片。

■ 印度穀蛾，前翅近基部至中段占約 2/5 面積之區域呈灰白至淡黃色，其他區域則呈褐色。

# # 印度穀蛾

**學名**／ *Plodia interpunctella* (Hübner, 1813)
**別名**／印度穀螟、印度穀斑螟
**分類**／昆蟲綱 Insecta，鱗翅目 Lepidoptera，螟蛾科 Pyralidae

成蟲體長 6~10 公釐，展翅寬 13~18 公釐，前翅明顯有深淺不同對比色澤。複眼黑褐色，頭部褐色，下唇鬚發達而向前平伸。前翅狹長，背面可見前半段的大部分區域為一灰白至淡黃色寬大橫帶覆蓋，前翅基部及後半段區域則呈褐色。前翅後半部之褐色區域中，通常可見 3 條不明顯的深褐色橫帶。後翅灰白色，無明顯斑紋。幼蟲乳白至淡黃色，體色均一，無明顯斑紋。

印度穀蛾是常見的積穀害蟲之一，幼蟲階段會危害倉儲食品，偶爾也

昆蟲綱

鱗翅目

會隨著市售食品被攜入家庭中。幼蟲在自然環境中則是以植物落果為食。幼蟲食性廣泛,主要危害乾燥的植物性材料與食品,包括穀物、玉米、巧克力、乾燥水果、香料、餅乾、種子類、中藥材等。幼蟲吐絲使穀物結成團塊狀,並於其內取食,且時常咬破食品包裝袋而從孳生源擴散至其他儲藏食品。幼蟲活動常導致食品、中藥材受汙染變質。成蟲不取食。廣泛分布世界各地,主要分布於溫帶及熱帶區域。

■前翅後半部褐色區域通常具3條深褐色橫帶,但有些個體不明顯。

■印度穀蛾,前翅背面可見深淺不同對比色澤。

■ 麥蛾，外觀淡黃褐至灰褐色，下唇鬚細長且向上彎曲。

# 麥蛾

**學名／** *Sitotroga cerealella* (Olivier, 1789)
**分類／** 昆蟲綱 Insecta，鱗翅目 Lepidoptera，旋蛾科 Gelechiidae

　　成蟲體長 3.2~6.5 公釐，展翅寬 13~17 公釐，外觀淡黃褐至灰褐色。複眼黑褐色，觸角長度短於前翅。下唇鬚發達，細長且明顯向上彎曲，端部黑色。前翅狹長呈灰褐色，新鮮個體在翅中段偏後方區域可見鱗片構成的小黑斑，翅上通常亦具若干其他的對稱小黑斑。後翅灰白色，端部明顯呈尖細凸出狀。前翅及後翅之後方邊緣均具有長且密集的毛。幼蟲乳白至淡黃色，腹足退化呈肉突狀。與其他常見的積穀有害蛾類相比，本種成蟲體型較小。

昆蟲綱

鱗翅目

■前翅表面通常可見對稱的小黑斑。　　■複眼黑褐色，觸角長度短於前翅。

■遭麥蛾幼蟲蛀食的穀粒，表面有缺口，內部則遭蛀空。　　■成蟲腹面，體表及足皆布滿鱗片。

　　麥蛾是重要的積穀害蟲，在穀倉內或農田環境均能繁殖及造成危害，尤其在囤放穀物之場所相當常見，有時也會隨著食品或物品夾帶進入居家室內。幼蟲主要取食乾燥穀物與植物性材料，包括稻穀、糙米、小麥、燕麥、玉米等乾燥食品。幼蟲能直接咬破稻穀穎殼，鑽入果實取食，將果實內部蛀空。成蟲不取食，在夜間或陰暗環境中有明顯趨光性。廣泛分布世界各地。

■麥蛾，展翅標本。翅邊緣可見密集的毛，尤以後翅的毛較長，並且後翅端部明顯尖細凸出。

■家衣蛾，外觀主要呈灰褐色，前翅具黑褐色斑紋，後翅則無明顯斑紋。

# 家衣蛾

**學名**／*Phereoeca uterella* (Walsingham, 1897)
**別名**／衣蛾、壺巢蕈蛾、戶鞘穀蛾
**分類**／昆蟲綱 Insecta，鱗翅目 Lepidoptera，蕈蛾科 Tineidae

　　成蟲體長 4~5.3 公釐，展翅寬 8~13 公釐，外觀灰褐色。複眼黑褐色，頭部密布灰褐色毛，下唇鬚略向上彎曲。觸角絲狀，長度長於前翅。前翅灰褐色，可見 3 排由黑褐色鱗片構成的明顯斑紋，斑紋形態因不同個體而異，呈帶狀或斑點狀。幼蟲頭及胸部背面暗褐色，身體其他區域則主要呈淡黃色。

　　家衣蛾在台灣分布於平地至低海拔地區，幾乎僅見於人工建築物內或其外牆。在一般家庭中偏好棲息於陰暗、濕度高的牆角及縫隙。幼蟲會

昆蟲綱

鱗翅目

吐絲構築扁平如紡錘形的巢，巢表面通常黏附周遭環境中的砂石、土壤、毛屑、牆面粉屑及各種細小碎屑而呈灰色。幼蟲平時藏於巢內，移動時將頭及胸足露出並拖著巢爬行，當受侵擾時會立刻躲入巢中。幼蟲會隨著蛻皮成長而將巢的規模逐漸擴大，終齡幼蟲並在巢中化蛹，成蟲羽化後離開巢。幼蟲在居家環境中主要以環境中的有機物碎屑為食，包括人類脫落的頭髮及皮屑、牆面上的真菌菌絲、蜘蛛絲、昆蟲殘骸等，多在夜間活動。幼蟲不取食棉質製品，但有可能會取食羊毛類製品。成蟲不取食，成蟲壽命通常小於 15 日。由於家衣蛾需要極高濕度的環境才能順利發育，因而分布受到限制。已知分布亞洲、美洲與澳洲的溫暖地區。

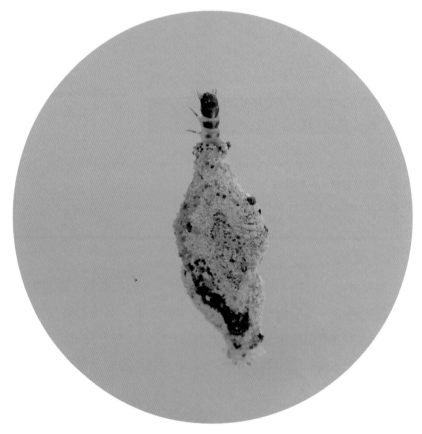

■家衣蛾幼蟲頭及胸部背面暗褐色，平時攜著紡錘形的巢生活，行動緩慢。

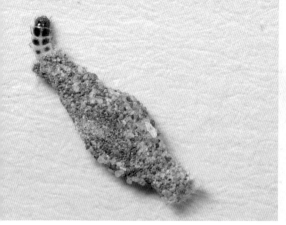

■家衣蛾幼蟲，巢表面可見砂石、土壤、牆面粉屑等，終齡幼蟲的巢長約 8~14 公釐。

■家衣蛾，外觀灰褐色，複眼黑褐色，頭部具灰褐色毛。

■成蟲羽化留下的空巢。成蟲羽化後，蛹殼仍會留在巢內，故巢的開口處可以見到蛹殼一部分外露。

■幼蟲的巢有 2 個開口，幼蟲的身體可由任一個開口探出。

### 衣蛾──與天然纖維有關的蛾

　　「衣蛾」一詞泛指蕈蛾科中一群常出現於居家環境，與人類生活環境關係密切的小型蛾類。牠們通常有吐絲造巢習性，能以室內的各種有機質為食，且一些種類會取食人類的衣料、紡織品、羽毛製品，造成危害，因此俗稱「衣蛾」。這些蕈蛾科的昆蟲種類繁多，許多種類成蟲彼此外觀相似而不易分辨，通常須解剖雄蟲外生殖器方能做精確鑑定。台灣室內中最常見的家衣蛾，以往多與蕈蛾科的其他種類混淆，過去也常被誤認為會造成衣物毀損，然而實際上家衣蛾一般不會危害衣物。

昆蟲綱

鱗翅目

■小菜蛾成蟲，外觀黃褐至灰褐色，前翅背側
可見淡黃或灰白色的波浪狀條紋。

# # 小菜蛾

**學名**／*Plutella xylostella* (Linnaeus, 1758)
**別名**／吊絲蟲、尖嘴蛾
**分類**／昆蟲綱 Insecta，鱗翅目 Lepidoptera，菜蛾科 Plutellidae

　　成蟲體長 3.8~4.5 公釐，展翅寬 12~16 公釐，體型細長，外觀黃褐至
灰褐色。停棲時於體背側可見前翅表面之淡黃或灰白色的縱向波浪狀條
紋，左右兩翅的條紋相接則形態類似 3 個相連的菱形。頭部前端具圓錐狀
鱗片叢，前翅表面有時可見淺色斑點。

　　小菜蛾在台灣分布於平地至高海拔山區，尤其在人為經營，栽種十字
花科蔬菜的菜園裡往往有大量族群。幼蟲以十字花科植物為食，包括栽培
及野生種類，繁殖力強且易產生抗藥性，是全球共通的重要蔬菜害蟲，取

■成蟲停棲時，左右兩翅之條紋相接，類似 3 個相連的菱形。

食對象如蘿蔔、結球白菜、不結球白菜、甘藍、花椰菜、青花菜、油菜、芥菜等。成熟幼蟲會在葉脈周圍吐絲造薄繭，並於其內化蛹。由於幼蟲在田間栽培的十字花科蔬菜上相當常見，且體型小，故時常隨著蔬菜夾帶進入居家環境，然而受限於其取食的蔬菜不耐長期回放，一般僅短暫發生，無法在居家房舍內之環境長期生存。成蟲羽化後約可存活 7~10 日，白天活動，生性活潑敏感，以花蜜、露水為食，常棲息於植物葉背，夜間並有趨光的行為。廣泛分布世界各地。

昆蟲綱

鱗翅目

■正在取食花椰菜的終齡幼蟲。

■小菜蛾幼蟲，外觀青綠或黃綠色，軀體中段較粗。終齡幼蟲體長約 7.5~8 公釐。

■小菜蛾的繭，薄而呈鏤空狀。內部的蛹為綠色或淡黃色，長約5.5~6公釐。

■繭表面的絲線特寫。

■白粉蝶成蟲，翅腹面白至黃白色。前翅腹面具 2 枚黑斑，但常被後翅所遮蔽。

# 白粉蝶

**學名／** *Pieris rapae crucivora* Boisduval, 1836
**別名／** 紋白蝶、日本紋白蝶、菜粉蝶
**分類／** 昆蟲綱 Insecta，鱗翅目 Lepidoptera，粉蝶科 Pieridae

　　成蟲體長 1.2~2 公分，展翅寬 3.7~5 公分，翅背面白色，腹面白至黃白色。前翅背面端部具明顯的黑色大斑塊，中央偏外側則另有 2 枚黑斑；雌蟲的 2 枚黑斑通常清晰分明，雄蟲的黑斑則較模糊，且其中一個黑斑往往極淡至近乎消失。在後翅背面近前方邊緣，有 1 枚黑斑。前翅腹面具 2 枚黑斑，但停棲時多被後翅所遮蔽。觸角末端凸起呈棒狀，複眼灰白至黃綠色。

　　白粉蝶在台灣常見於平地至高海拔山區，分布極廣，然而台灣的族群

昆蟲綱

鱗翅目

目前普遍被認為是外來種，大約自 1960 年代以後才逐漸在台灣立足。幼蟲取食十字花科、白花菜科、金蓮花科等多種野生及栽培種植物，尤其常見於開闊農地，是田間栽培十字花科蔬菜上的重要害蟲。幼蟲取食之十字花科蔬菜如蘿蔔、結球白菜、不結球白菜、甘藍、花椰菜、青花菜、油菜、芥菜等，偶爾會隨著蔬菜夾帶進入居家環境，然而受限於其取食的蔬菜不耐長期固放，無法在居家房舍內之環境長期生存。成熟幼蟲於植株葉背、莖部，或寄主植物周邊的雜物上化蛹。成蟲白天活動，以花蜜為食，喜好訪花，一般產卵於寄主植物葉背或葉面。廣泛分布世界各地，亞洲可見於台灣、日本、中國、韓國等國。

　　近似種緣點白粉蝶（*Pieris canidia*）與本種外觀相似，但緣點白粉蝶後翅背面之外側邊緣有一排黑色斑點，本種則無。此外，白粉蝶出現在人為栽培十字花科蔬菜上的機率普遍較高，緣點白粉蝶則較常出現在有生長野生十字花科植物的環境，儘管兩者也常有混棲的情形。

■一對交配中的白粉蝶。

■前翅背側端部具明顯黑色大斑塊，中央偏外側則另有 2 枚黑斑。後翅背側近前方邊緣另有 1 枚黑斑。

■白粉蝶的卵，淡黃色，長約 0.7~1 公釐。

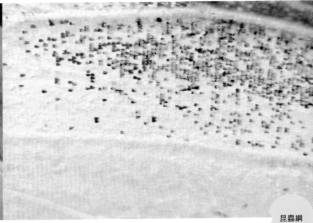

■幼蟲外觀黃綠至綠色，體表密布剛毛，體側常可見細小黃色斑。

■白粉蝶的前翅腹面特寫，可見許多細小鱗片密集排列。

昆蟲綱

鱗翅目

■菸甲蟲，成蟲外觀紅褐色，頭部常為前胸所遮蔽。

# 菸甲蟲

**學名**／ *Lasioderma serricorne* (Fabricius, 1792)
**別名**／菸草甲、煙甲蟲、鋸角毛竊蠹、煙食骸蟲
**分類**／昆蟲綱 Insecta，鞘翅目 Coleoptera，蛛甲科 Ptinidae

　　成蟲體長 1.8~3.2 公釐，外觀紅褐色，體型似橢圓形，體表布滿淡黃色細毛，頭部及前胸向下彎曲。複眼黑色呈圓形，觸角及各足黃橙至紅褐色。翅鞘光滑呈紅褐色，表面點刻微小不明顯。觸角 11 節，第一節較長且長度大於第二及第三節之總和；第 4~10 節明顯呈鋸齒狀。

　　菸甲蟲是相當常見的儲藏食品害蟲，多出現在溫暖潮濕的倉庫及室內，且因時常危害儲藏菸葉而得名。成蟲一般產卵於物品表面或其周圍，幼蟲孵化後即鑽入其內部蛀食，常隨著袋裝食品被攜入家庭中。幼蟲因潛

伏於物品中不易被發現，往往在成蟲陸續羽化後才讓人察覺食物早已受害。

　　取食的物品種類相當廣泛，尤其偏好香料類食材、中藥材，以及含植物的花、果實及莖等成分之乾燥產品。常取食者如花草茶茶包、乾燥菊花，以及儲藏的菸草、芝麻、番紅花、當歸、金銀花等。甚至連非食品類的各類乾燥花、園藝花卉種子、植物標本等也會取食。有時也會出現在水果乾、堅果、花生、薏仁、穀物、豆類、大蒜、餅乾、茶葉等植物性材質，以及柴魚、寵物飼料、動物標本等含動物成分的物品中。啃食能力強，能咬穿塑料食品包裝袋而擴散至室內其他食品。終齡幼蟲會在食品中以分泌物黏附糞便及食物殘渣營造蛹室，並於其內化蛹。成蟲活潑善飛，受驚擾時有假死習性。成蟲食性與幼蟲同，在食物充足環境下能存活約 13~50 日。幼蟲在低濕環境仍可存活，但發育會減緩。廣泛分布世界各地，並常隨著香料、食品的運輸而在國際間擴散。

■側看成蟲，可見頭部明顯向下彎曲，如同「駝背」般。

■觸角明顯呈鋸齒狀，前足脛節於近端部處寬大扁平。

昆蟲綱

鞘翅目

■菸甲蟲幼蟲，外觀乳白色或略呈淡黃色，體表有黃橙色剛毛，具三對短小的胸足，觸角亦很短。終齡幼蟲體長約3~4公釐。

■中藥當歸內的蛹，此個體長約2.4公釐。

■成蟲體型似橢圓形，體腹面橙紅色。

■成蟲頭部可向下彎曲，但行動時亦能自由向前伸展。

■袋裝乾燥紅豆中所發現的個體，及其危害狀。

■藥材甲蟲，外觀黃褐至深褐色，翅鞘表面可見細小點刻組成的溝紋。

# # 藥材甲蟲

**學名**／ *Stegobium paniceum* (Linnaeus, 1758)
**別名**／藥材甲
**分類**／昆蟲綱 Insecta，鞘翅目 Coleoptera，蛛甲科 Ptinidae

　　成蟲體長 1.7~3.4 公釐，外觀黃褐至深褐色，體型似長橢圓形，頭及前胸向下彎曲。體表密布淡黃至灰色剛毛，可見倒伏狀長毛及直立狀短毛夾雜。前胸背板從側面看呈圓弧狀隆起，翅鞘表面具細小點刻所構成的縱向溝紋，觸角及各足黃褐至褐色。觸角共 11 節，第 9~11 節各節較長，扁平膨大而呈棒狀；第3~8節各節則較短，呈念珠狀，其長度總和短於第9~11節的總和。

　　本種外觀及食性與菸甲蟲相似，但體色及觸角形態不同，且本種翅鞘

昆蟲綱

鞘翅目

■觸角端部末三節明顯較長，扁平膨大呈棒狀。

■體表布滿剛毛，翅鞘表面縱向溝紋明顯。

表面的縱向溝紋明顯。

　　藥材甲蟲以危害中藥材而得名，耐乾旱且耐寒，一般出現在囤放乾燥食品的室內環境，偶爾隨著袋裝食品被攜入住家。常對人蔘、茯苓、豆蔻等中藥材造成危害，也取食香料、巧克力、穀類，及特定含乾燥動植物成分的食品、物品。有時也危害書本與圖畫，尤其是富含澱粉質之部位。廣泛分布世界各地，但較喜溫帶氣候環境。

■藥材甲蟲，外觀及體型與菸甲蟲相似，但在台灣居家環境則不如菸甲蟲常見。

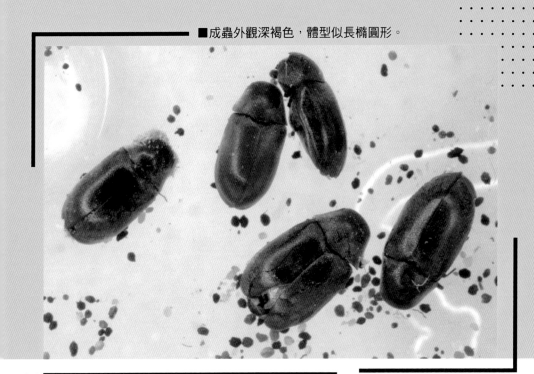

■成蟲外觀深褐色，體型似長橢圓形。

# 紹德擬腹竊蠹

**學名**／ *Falsogastrallus sauteri* Pic, 1914
**別名**／檔案竊蠹
**分類**／昆蟲綱 Insecta，鞘翅目 Coleoptera，蛛甲科 Ptinidae

　　成蟲體長 1.8~2.5 公釐，外觀深褐色，體型似長橢圓形。體表布滿淡黃至灰白色毛，前胸背板及翅鞘表面有不明顯的微小點刻。頭部近球形而向下彎曲，前胸背板背面觀近似梯形。觸角黃褐色，共 9 節，其中第 7~9 節膨大；第 7、8 節近似三角形，第 9 節則近似紡錘形。

　　紹德擬腹竊蠹以危害圖書及紙質文件而知名，多發生於圖書館、博物館、倉庫等擺放老舊檔案、古籍之環境。成蟲較少飛行，受驚擾時有假死習性。成蟲產卵於物品縫隙，幼蟲孵化後鑽入內部蛀食。已知一年發生

昆蟲綱

鞘翅目

一世代，幼蟲之蛀食常導致書籍穿孔、形成隧道而毀損，有時也會危害其他含植物性材質之物品。本種較不耐乾燥，當環境濕度低於 60％時較不利其生存。紹德擬腹竊蠹最早採集自台灣台南安平，目前分布亞洲及北美洲，亞洲地區在台灣、中國、日本都有危害書籍與博物館紙類文物的案例。

■紹德擬腹竊蠹，頭部近球形，前胸背板側看形狀類似「鋼盔」狀而遮蓋頭部。

■頭部向下彎曲，體表布滿淡黃至灰白色毛。

■紹德擬腹竊蠹造成的許多蛀孔、隧道。

■紹德擬腹竊蠹取食舊書造成的缺損。

■米出尾蟲，體表紅褐至黑褐色，翅鞘表面有不太清晰的黃橙至橙紅色帶紋，腹部末兩節露出翅鞘外。

# # 米出尾蟲

**學名**／ *Carpophilus dimidiatus* (Fabricius, 1792)
**別名**／米露尾蟲、脊胸露尾甲
**分類**／昆蟲綱 Insecta，鞘翅目 Coleoptera，出尾蟲科 Nitidulidae

　　成蟲體長 2~3.5 公釐，體表紅褐至黑褐色，軀體略扁，體型近長橢圓形，體表密布淡黃至灰白色毛及點刻。翅鞘未完全覆蓋腹部，腹部末端兩節背板外露。翅鞘表面具黃橙至橙紅色斜向帶紋，兩翅鞘之帶紋相接大致呈「V 形」，但顏色變異大，帶紋有時並不明顯。觸角紅褐色，共 11 節，其中第 2 節明顯短於第 3 節；第 9~11 節明顯膨大呈棍棒狀。前胸背板後端約 1/3 處最寬，後端兩側邊緣處較鈍。腹部腹板第 2 及第 3 節短於第 1、4 及第 5 節。雄蟲之後足脛節向端部呈逐漸膨大。由於世界各地儲藏食品

昆蟲綱

鞘翅目

■體表可見淡黃至灰白色毛及細小點　　■鑽入餅乾取食的成蟲。
刻，觸角末端 3 節明顯膨大。

中尚有其他種類與本種相似，因此在鑑定時須特別注意。

　　米出尾蟲時常會隨食品夾帶而散布各地，野外個體有時也會受廚餘、腐爛果皮等氣味的吸引而飛入住宅。成蟲常集體棲息，活潑善飛行，但爬行速度不快。成蟲及幼蟲在野外取食植物之成熟落果及腐果，在住家室內則會受濕度較高的乾燥水果、玉米、香菇、可可粉、大蒜、花生、米、麥麩、燕麥及各種穀類吸引。也能取食餅乾、糕餅等穀物加工製品。喜歡濕度較高（15~33％）的食品，並仰賴食材中的微量水分維生，在乾燥的室內空間中也能長期存活，尤其偏好久置發霉或腐敗的果實、花、富含油脂的植物種子或有機質。當食品濕度太低時，雖也能存活，但幼蟲可能無法順利蛻變為成蟲；若白米、糙米等食材太過乾硬時，則成蟲與幼蟲幾乎無法取食。幼蟲會由外向內蛀入食材，並於其內化蛹，食品則會受到活體、屍體、皮蛻、糞便等汙染，本種也會傳播有害微生物。廣泛分布世界各地，主要分布於熱帶、亞熱帶和較溫暖的溫帶地區。國內曾有進口的玉米、大蒜夾帶本種的案例。雄蟲會產生聚集費洛蒙，因此目前國外有學者進行人工合成費洛蒙用以監測或防治。

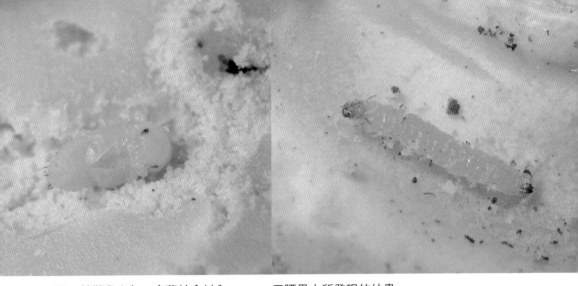

■蛹，外觀乳白色，多藏於食材內。　　■腰果中所發現的幼蟲。

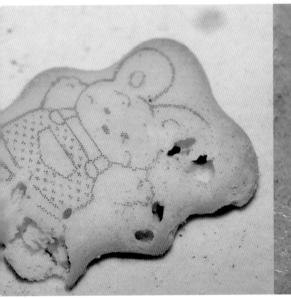

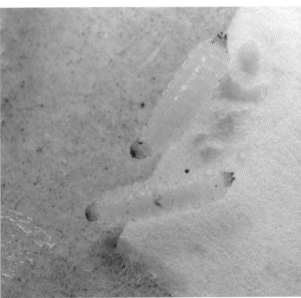

■遭受米出尾蟲蛀食的餅乾，表面可見成蟲所造成的孔洞，孔洞內依稀可見幾隻個體。

■米出尾蟲幼蟲，外觀粗短，呈乳白色，頭及腹部末端呈黃褐色。

昆蟲綱

鞘翅目

■ 擬白帶圓鰹節蟲,觸角末3節膨大,翅鞘表面有一道明顯的白色寬橫帶。

# 擬白帶圓鰹節蟲

**學名**／ *Anthrenus oceanicus* Fauvel, 1903
**別名**／擬白帶圓皮蠹、黃帶圓皮蠹
**分類**／昆蟲綱 Insecta,鞘翅目 Coleoptera,鰹節蟲科 Dermestidae

　　成蟲體長 2.2~3 公釐,外觀卵圓形,體表黑褐色,被有白色、淡黃、黃褐及深褐色的卵圓形鱗片,所有鱗片中央皆具有縱向凹溝。翅鞘在前半部有一道由鱗片組成的寬廣白色橫帶;橫帶在接近兩翅鞘中央處向後延伸,常呈一「倒Y形」窄紋。當前胸背板及翅鞘之鱗片脫落,裸露的表面可見許多圓形微小點刻。體腹面覆有白色鱗片,腹部腹面第二至第五節外側邊緣各具黑色斑點,第一節腹板邊緣則無黑色斑點。複眼黑色。足紅褐色,中足及後足腿節具有白色鱗片。觸角紅褐色,共 11 節,其中第 9~11

節膨大呈棍棒狀。幼蟲呈褐色，身上具黑褐色毛。本種有許多相似種，易有誤鑑定的情形，辨識上須多留意。

　　擬白帶圓鰹節蟲分布於台灣平地及低海拔地區，也常棲息於居家環境的陰暗處，如牆角、書桌、櫥櫃、床鋪周圍。在室內多以動物毛髮、毛皮製品、羽毛、節肢動物屍體等含有動物性角質成分物質為食，有時也會取食乾燥肉類、含動物成分的中藥材及動物標本，但通常無明顯危害情形。幼蟲會在室內外的縫隙或牆角化蛹，成蟲在戶外有訪花行為。本種起源於亞洲熱帶區域，透過人為運輸傳播而廣泛分布於世界各地，亞洲可見於台灣、中國、印度、印尼、斯里蘭卡、馬來西亞、巴基斯坦等國。

■成蟲卵圓形，體表布滿鱗片。

### 為什麼叫鰹節蟲？

　　「鰹節」是日文中「柴魚乾」的意思，為傳統的日本食材。由於鰹節蟲科的昆蟲一般取食乾燥的動、植物組織，儲藏的魚乾、肉乾常為其取食對象，因而得名。鰹節蟲在中國則一般稱作「皮蠹」，字面意義與「鰹節蟲」類似，源自其常取食毛皮類製品的習性。世界上已知的鰹節蟲科物種超過1000 種，其中至少有 20 種是危害貯藏物品的室內害蟲。

昆蟲綱

鞘翅目

■幼蟲呈紡錘形，身體褐色，體表具長　　■幼蟲偶見於台灣各地住家，惟體型小而
剛毛，爬行快速。　　　　　　　　　　　常被忽略。

■擬白帶圓鰹節蟲的蛹，外觀與幼蟲相　　■成蟲羽化後所留下的空蛹殼。
似。

■成蟲腹面白色鱗
片明顯，腹部第二至
第五節腹板外側具
黑色斑點，中足及後
足腿節具白色鱗片。

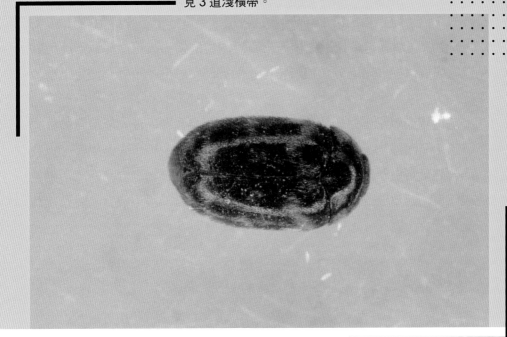

# # 花斑鰹節蟲

**學名**／ *Trogoderma variabile* Ballion, 1878

**別名**／花斑皮蠹

**分類**／昆蟲綱 Insecta，鞘翅目 Coleoptera，鰹節蟲科 Dermestidae

　　成蟲體長 2.2~4 公釐，外觀橢圓形，體表黑褐色，布滿淡黃至紅褐色剛毛。翅鞘表面具淡黃至淡紅褐色帶紋與斑點，個體間變異大，通常可見 3 條淺色橫向帶紋。兩翅鞘接近基部區域之第一道橫向帶紋左右相接，整體常近似「W形」；接近翅鞘中段的第二道橫向帶紋與第一道帶紋不相連；翅鞘端部另具不規則斑紋，因變異甚大，有時僅呈少許不明顯斑。複眼黑色。觸角深褐色，共 11 節，雄蟲觸角自端部算起約 6~8 節膨大如棍棒狀，雌蟲自端部算起則約 4~5 節膨大。雄蟲觸角第 11 節之長度約等於第 10 節

昆蟲綱

鞘翅目

長度的 3 倍；雌蟲觸角第 11 節則比例較短，長度通常不及第 10 節長度的 2 倍。由於同屬間有多種近似種，常有誤鑑定的情形，可從觸角形態與翅鞘斑紋與近似種概略區分，但若特徵不明顯時，解剖生殖器在鑑定上會較準確。

　　花斑鰹節蟲常出沒於建築物內陰暗處，幼蟲食性廣泛，能取食多種物品，包括儲藏穀物、毛皮製品、動植物標本、奶粉、種子、堅果等，以及其他含高量蛋白質之食物。幼蟲喜陰暗環境，常在穀物等食品底部活動並造成危害，為重要的積穀害蟲與博物館害蟲。成蟲階段不取食，受驚擾時有假死行為。廣泛分布世界各地。

■在米粒間活動的成蟲、幼蟲，以及幼蟲蛻下的皮。

■成蟲橢圓形，身體主要呈黑褐色。

■成蟲腹面，各足及體壁可見
淡黃至淡紅褐色剛毛。

■幼蟲紡錘形，
體表具剛毛，腹
部末端有一叢長
剛毛。腹末剛毛
的長度大約為 4
節腹節的長度。

昆蟲綱

鞘翅目

■米象，體表紅褐至黑褐色，近長圓筒形，常出現於米粒堆中。

# 米象

**學名╱** *Sitophilus oryzae* (Linnaeus, 1763)
**別名╱** 米蟲、穀牛
**分類╱** 昆蟲綱 Insecta，鞘翅目 Coleoptera，象鼻蟲科 Curculionidae

　　成蟲體長 2～3.2 公釐，外觀近長圓筒形，體表紅褐至黑褐色，略有些許光澤。頭部前端延長形成修長之喙部，口器著生於末端。前胸背板密布近似橢圓形之點刻，點刻內著生鱗片狀剛毛；翅鞘表面密布不規則狀點刻及縱向脊起，每個翅鞘上可見 2 枚橙至紅褐色斑塊。觸角紅褐色，共 8 節，第 1 節最長，第 2~7 節大略等長；第 8 節膨大呈球桿狀，末端具細微的嗅覺感覺器。腹部末端向下彎曲，腹部前 6 節受翅鞘所遮蔽，第 7 節背板外露。

米象在白米及糙米中相當常見，時常隨著市售袋裝米而出現在居家廚房，一般多來自碾米工廠、穀倉及長期囤放穀物的場所，是重要的穀倉害蟲。雌蟲會在去殼的米粒、外表破損的稻穀表面咬出小孔後產卵，產卵後再以分泌物封住洞口；未去殼的稻穀因成蟲無法咬破殼而無法侵入。米象幼蟲孵化後便在米粒中蛀食，直至發育為成蟲才咬破米粒鑽出。除了米粒，也會取食小麥、燕麥、玉米、花生、黃豆、麵粉等多種乾燥食品。成蟲行動緩慢，不常飛行，但適應力強，耐乾燥、耐高

■包括米象在內，象鼻蟲總科的昆蟲多數頭部前端延長，稱為「喙部」，口器著生於其末端。

溫，成蟲在食物充足條件下可存活 90~110 日。廣泛分布世界各地，主要分布於熱帶與亞熱帶區域，亞洲常見於台灣、中國、日本等。國內曾有自泰國、美國進口的糙米，及印度進口的玉米中檢出夾帶本種的案例。

米象與同屬近似種玉米象（*Sitophilus zeamais*）外觀及習性皆相似，一般較粗略的分辨方式為從體型及外觀區分：玉米象體長約 2.2~4 公釐，通常體型比米象略大、體色稍淡、翅鞘上的橙紅色斑紋較明顯、喙部較長等。然而從外觀分辨兩者往往並不精準，須解剖觀察生殖器方能做精準鑑定：玉米象雄蟲生殖器背面具有兩條明顯的平行縱走溝紋；米象雄蟲生殖器背面則呈均勻隆起，無縱走溝紋。

另外，米象偏好較高溫的環境，對寒冷的耐受能力也較玉米象弱。米象適合生存的溫度為 30~33℃，族群若長時間處在低於 5℃ 的環境會逐漸死亡，因此袋裝米如經冷藏可抑制米象繁殖。米象雖然在氣溫較高的台灣較占優勢，但日本當地的米象族群冬季即大部分會死亡，僅有幼蟲能越冬；玉米象則成蟲與幼蟲皆大部分能度過日本的冬季。

昆蟲綱

鞘翅目

■米象細長的喙部或許會使人誤以為口器功能如椿象般以吸食液態食物為主,但其實米象的口器為咀嚼式,能咀嚼固態食物。

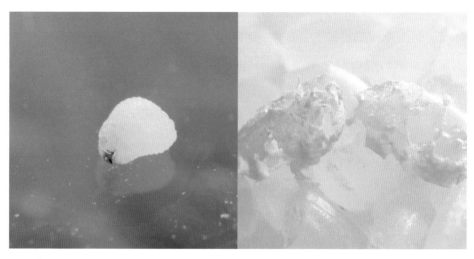

■米象幼蟲,乳白色,體粗短而彎曲,無足。

■米象幼蟲蛀食過的米粒,往往幾乎被蛀空。

■甘藷蟻象，雌蟲，觸角最末節呈長卵形。

# ＃ 甘藷蟻象

**學名**／ *Cylas formicarius* (Fabricius, 1798)
**別名**／甘薯蟻象、甘藷蟻象鼻蟲、臭香蟲、甘薯小象甲
**分類**／昆蟲綱 Insecta，鞘翅目 Coleoptera，三錐象鼻蟲科 Brentidae

成蟲體長 4.8~7.5 公釐，因外觀似螞蟻而有「蟻象」之名。體表光滑，頭部與翅鞘呈墨綠至黑色，具有光澤。前胸鮮紅色或橙紅色，觸角及足部為暗紅至紅褐色。頭部前端延長形成修長之喙部，複眼黑色近橢圓形。翅鞘表面具不明顯之細小點刻，各足腿節膨大呈棍棒狀。觸角共 10 節，最末節明顯膨大延長，長度可用以區分雌雄。雄蟲觸角最末節呈長圓筒形，其長度超過其餘 9 節之總和；雌蟲觸角最末節呈長卵形，其比例較雄蟲短，長度不及其餘 9 節之總和。卵、幼蟲及蛹外觀呈乳白色。

昆蟲綱

鞘翅目

甘藷蟻象在台灣可見於低海拔山區和平地，並為甘藷常見害蟲。成蟲以旋花科植物之莖、葉或塊根為食，幼蟲則潛伏於塊根中蛀食，蛹期亦在塊根中，尤其常危害甘藷。成蟲平時多以爬行方式活動，偶見飛行行為，通常飛行時間短且高度較低。平時若受驚擾，會有縮起身體不動的假死行為。夜間較活躍，常會趨光。雌蟲會於甘藷塊根表面，或莖部之近塊根部位鑽孔，產卵於其中，故卵或幼蟲、蛹偶爾會隨著市售甘藷塊根被攜入家庭中，成蟲羽化後遂短暫出現於室內，除非食物充足，通常無法長期在家庭室內環境生存。成蟲若在食物無虞條件下最長可存活將近一年。遭幼蟲蛀蝕的甘藷塊根會轉為木質化，並產生異味，也就是台語所俗稱的「臭香」。廣泛分布世界各地。

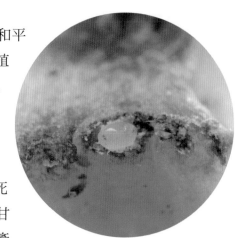

■卵，呈橢圓形，長約 0.6~0.7 公釐。卵不僅相當微小，雌蟲還會以分泌物填補卵周圍，因此不容易發現。

■甘藷蟻象，雄蟲，觸角最末節呈長圓筒形。

■一對交配中的成蟲。甘藷蟻象體表光滑，頭部與翅鞘墨綠至黑色，前胸鮮紅色或橙
紅色。

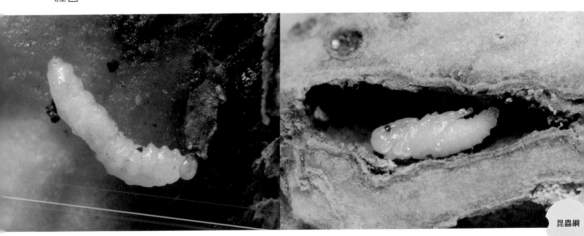

■幼蟲乳白色，平時在甘藷塊根中蛀食　　■蛹，外觀已可見部分成蟲特徵。
形成隧道。

■長角象鼻蟲，體略呈橢圓形，體表密布淡黃
至深褐色剛毛。

# 長角象鼻蟲

**學名**／ *Araecerus fasciculatus* (De Geer, 1775)
**別名**／咖啡豆象、咖啡長角象、棉實長角象鼻蟲、棉長鬚象鼻蟲
**分類**／昆蟲綱 Insecta，鞘翅目 Coleoptera，長角象鼻蟲科 Anthribidae

　　成蟲體長 3~4.5 公釐，外觀略呈橢圓形，體表深褐至黑色，體表密布
淡黃至深褐色剛毛。翅鞘表面有數條細小點刻排列成的縱向溝紋，但多為
體表剛毛所遮蔽而不明顯。在翅鞘的縱向溝紋之間，具有多個由剛毛所組
成的深淺毛叢，各毛叢近似方形，前後相接組成數道深淺交錯之縱向毛
列。頭部略向下彎曲，複眼黑色卵圓形。觸角外觀細，11 節，第 1~8 節
黃褐至紅褐色，其中第 1~2 節膨大；第 9~11 節膨大而呈黑褐色。翅鞘不
完全遮蓋腹部，腹部末節外露；雄蟲腹末明顯下彎，因此由背方幾乎看不

到外露的末節，雌蟲腹末則微向下彎曲。各足細長，黃褐至紅褐色，第一跗節長於跗節其他各小節之總和。

　　本屬在台灣有四種，而本種分布平地及低海拔地區，時常侵入農產品倉庫，也常因食品夾帶而出現在居家環境。因成蟲飛行能力強，也可能在社區住宅間移動擴散。在室內主要取食乾燥的植物性食品，常見於儲藏之咖啡豆、可可豆、薏仁、肉豆蔻、大蒜、薑黃粉、玉米、薯乾、水果乾，以及當歸等中藥材或其他種子類，也很容易受柑橘類等植物果實或腐果所吸引。也會取食戶外栽培的咖啡、可可樹、柑橘等植株之果實，但對儲藏食品的危害較嚴重。成蟲以產卵管刺穿食物並將卵產於其內，產卵完再以分泌物封住洞口，幼蟲孵化後即在內部蛀食，化蛹前會以糞便築成蛹室，成蟲羽化後鑽出行自由生活。成蟲生性極活潑且善飛，有明顯假死行為，受驚擾時往往會縮起身體往低處滾落。成蟲可存活約 26~56 日。因透過人類活動，隨著貨物運輸而傳播，現今廣泛分布世界各地。

■觸角末 3 節膨大呈黑褐色，複眼黑色。

■側看可見頭部略向下彎曲。

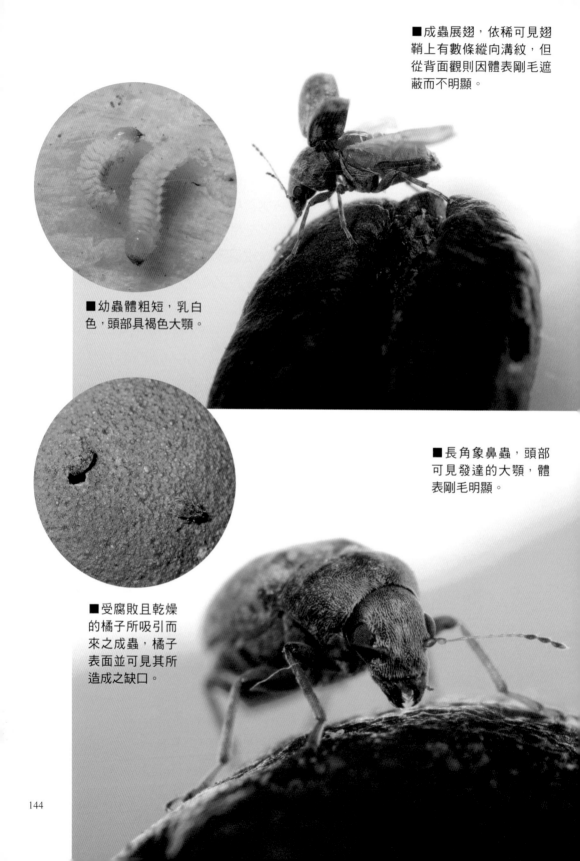

■成蟲展翅，依稀可見翅鞘上有數條縱向溝紋，但從背面觀則因體表剛毛遮蔽而不明顯。

■幼蟲體粗短，乳白色，頭部具褐色大顎。

■長角象鼻蟲，頭部可見發達的大顎，體表剛毛明顯。

■受腐敗且乾燥的橘子所吸引而來之成蟲，橘子表面並可見其所造成之缺口。

■ 穀蠹，外觀紅褐至深褐色，體表略有光澤，行動非常緩慢。

# # 穀蠹

**學名**／ *Rhyzopertha dominica* (Fabricius, 1792)
**別名**／米長蠹
**分類**／昆蟲綱 Insecta，鞘翅目 Coleoptera，長蠹蟲科 Bostrichidae

　　成蟲體長 2~3 公釐，外觀紅褐至深褐色，體型似長圓柱形，體表略有光澤，具不明顯的淡黃色剛毛。前胸從側面看呈「僧帽狀」，前胸背板前半部可見許多似魚鱗狀的小瘤突，呈同心圓狀排列，形成數條凸起弧線，尤以前方第一排弧線最粗；前胸背板後半部之瘤突則為圓扁狀。翅鞘表面有許多清晰的點刻，點刻並排列成數道縱向平行溝紋。頭部藏於前胸下方，觸角紅橙至紅褐色，共 10 節；其中第 8~10 節明顯膨大，第 8、9 節近似三角形，第 10 節略呈三角形但末端較鈍。

昆蟲綱

鞘翅目

穀蠹是穀倉中出現頻率很高的一種重要害蟲，主要以稻穀、燕麥、小麥、玉米等富含澱粉質的穀物為食，也常取食堅果、餅乾、花生、豆類、可可豆、水果乾等乾燥食品，少量個體會隨著市售袋裝穀物或米糠填充物而來到居家環境。幼蟲及成蟲口器皆發達，能咬破未去殼的穀粒而侵入內部。成蟲產卵於穀物表面縫隙，幼蟲在穀物表面或鑽入穀物中取食，並會在穀物內化蛹。成蟲行動相當緩慢，但適應力強，耐乾燥、耐高溫，能在乾燥空間生存。也能於野外環境中自然生存，常居住於枯死且乾燥的木頭中。雄蟲會釋放聚集費洛蒙，有聚集行為。成蟲在食物充足條件下可存活數個月，最長甚至可達 8 個月。廣泛分布世界各地，在熱帶及亞熱帶地區尤其常見。

■從背面觀，頭部完全被前胸所遮蔽，幾乎無法向前伸。

■側面可見頭部明顯下彎，前胸背板具許多小瘤突，翅鞘表面則有許多平行溝紋。

■正在取食燕麥片的穀蠹，從前方可見觸角末三節較大，近似扁平的三角形。前胸背板前半部的瘤突外觀類似魚鱗狀。

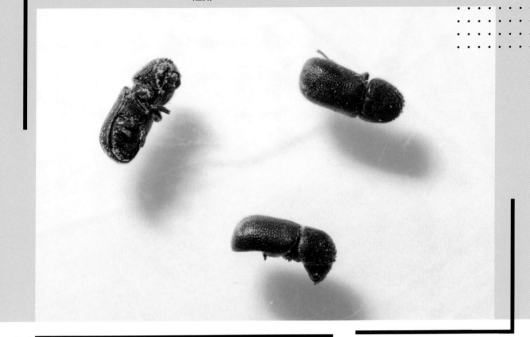

■對竹長蠹，外觀紅褐至黑褐色，體型似短圓柱形。

# 對竹長蠹

**學名**／ *Dinoderus minutus* (Fabricius, 1775)
**別名**／竹長蠹、竹蠹
**分類**／昆蟲綱 Insecta，鞘翅目 Coleoptera，長蠹蟲科 Bostrichidae

　　成蟲體長 2.5~3.5 公釐，外觀紅褐至黑褐色，體型似短圓柱形，體表略有光澤，具淡黃色剛毛。前胸背板隆起，背面觀形狀介於半圓形與梯形之間，前半部可見許多類似魚鱗狀的小瘤突，呈同心圓狀排列，形成數條凸起弧線，前胸前方邊緣並有約 8~10 個較尖銳的小瘤突明顯向外凸出；前胸背板後半部之瘤突則近似圓扁狀。前胸背板中央偏後側有一對卵圓形的凹窩，翅鞘表面有許多清晰的點刻，點刻不呈整齊行列狀。頭部藏於前胸下方，觸角紅褐色，共 10 節；其中第 8~10 節膨大，此三節各近似三角形。

昆蟲綱

鞘翅目

對竹長蠹在野外生活於竹林環境，在室內環境易發生於竹材、竹製器物，主要是自竹材夾帶進室內。成蟲及幼蟲皆對竹製品造成危害，受蛀食之器物表面會有許多蛀孔，並有大量粉屑掉落。成蟲有時亦會危害木材、穀物、中藥材及植物性香料。原產於亞洲地區，隨著竹材貿易而跨海擴散，目前廣布熱帶地區，溫帶地區偶見。

■前胸背板前半部可見類似魚鱗狀之小瘤突，前方邊緣處並有較尖銳的小瘤突向外凸出。

■前胸背板側看，形狀如「僧帽」，遮蔽部分頭部。

■體表粗糙，翅鞘具許多不規則狀點刻。

■鱗毛粉蠹，體略扁平，體表通常為紅褐色，複眼黑色而凸出。

# # 鱗毛粉蠹

**學名**／ *Minthea rugicollis* (Walker, 1858)
**分類**／昆蟲綱 Insecta，鞘翅目 Coleoptera，長蠹蟲科 Bostrichidae

　　成蟲體長 2.2~3.3 公釐，外觀紅褐至深褐色。體型似長橢圓形、略扁平，體表被有直立的特化粗剛毛，以及不明顯的細剛毛；粗剛毛近似鱗片狀，呈灰白至淡黃色，基部窄而端部寬扁。翅鞘表面的粗剛毛排列整齊，於每一翅鞘上排列組成 6 道縱列。複眼黑色圓形，大而向外凸出。前胸背板長度約等於寬度，寬度較兩翅鞘窄，翅鞘長度約為寬的兩倍。前胸背板表面有不明顯的細小顆粒狀點刻，並且在前胸背板中央處可見一橢圓形凹窩。觸角紅褐色，共 11 節，第 10~11 節明顯膨大，第 11 節明顯長於第

昆蟲綱

鞘翅目

10 節。

　　鱗毛粉蠹棲息於平地至低海拔森林，偏好溫暖潮濕環境，雌蟲產卵於枯木、乾燥木材表面之縫隙或孔洞。在室內環境危害木裝潢、木製家具，來源多為自木材、竹材夾帶進室內，幼蟲期為主要危害階段。幼蟲身體微小，在木材中生活、蛀食，且隧道不外露，因而難以為人所發現；成蟲羽化後鑽出木材，會在木材表面留下直徑約 0.5~1.2 公釐的小孔洞，並伴隨大量粉屑掉落，往往成蟲陸續羽化才會使人驚覺木材已受害多時。本種起源於熱帶，廣泛分布於亞洲各國，主要分布介於南北緯 40 度間的國家，但偶會因人為運輸而入侵其他溫帶地區國家。

　　本種與同屬的網紋鱗毛粉蠹（*Minthea reticulata*）外觀及生態皆相似，兩者皆為重要的木材害蟲，可藉由前胸背板側方之粗剛毛與凹窩特徵來分辨。鱗毛粉蠹前胸側方邊緣通常多於 14 根粗剛毛，一般約有 14~19 根，凹窩具點刻，但不呈網狀；網紋鱗毛粉蠹前胸側方邊緣少於 14 根粗剛毛，一般約有 7~12 根，凹窩具明顯且深的網紋。

■頭、胸及翅鞘表面皆可見直立粗剛毛，觸角末端 2 節膨大。

### 什麼是粉蠹蟲？

　　俗稱的「粉蠹蟲」一般是指長蠹蟲科（Bostrichidae）、蛛甲科（Ptinidae）等會蛀食木材、竹材等家具，使之穿孔並造成大量粉屑掉落的甲蟲。

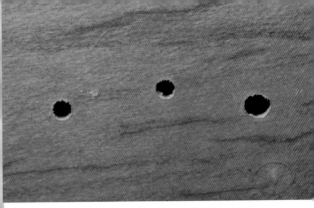

■成蟲羽化後在木材表面留下的孔洞。幼蟲取食造成之隧道，一般會與木材紋理平行，直至成蟲羽化，始於隧道末端鑽孔離開。

■成蟲羽化數天後鑽出木材，許多個體的體表常沾附粉屑。

■體表可見直立的特化粗剛毛，每一翅鞘表面的粗剛毛排列成 6 道縱列。

■鱗毛粉蠹成蟲常棲息在狹縫或陰暗處。

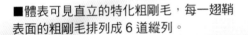

■半白長轉姬薪蟲，體表黃褐色，頭、胸表面有白色蠟質分泌物。

# 半白長轉姬薪蟲

**學名**／ *Eufallia seminivea* (Motschulsky, 1866)
**別名**／狹胸長轉薪甲、賽門長轉薪甲
**分類**／昆蟲綱 Insecta，鞘翅目 Coleoptera，姬薪蟲科 Latridiidae

　　成蟲體長 1~1.7 公釐，體表黃褐色，翅鞘有光澤。頭部及前胸表面有一層白色蠟質分泌物，有時白色蠟質甚至延伸至腹面和腹部。頭部背面觀近梯形，長度大於寬度。前胸背板較頭部寬、較翅鞘翅窄，在兩側邊緣近基部 1/4 處明顯向內凹陷。左右翅鞘癒合，呈長橢圓形，後翅退化不可見。翅鞘表面有明顯的粗糙圓形點刻，呈緊密縱向排列，在每個翅鞘表面各排列成 8 行；由兩翅鞘正中央算起，各別翅鞘之第 5~6 行點刻間，各有 1 道隆起的脊起。複眼黑色，近圓形而凸出。觸角黃褐色，共 11 節，第 9~11

節略顯膨大。

半白長轉姬薪蟲一般在發霉較嚴重的建築物、陰暗的地下室環境出沒，主要於發霉的牆壁、木頭、家具或紙箱表面活動，也曾有在發霉的動物骨骼標本上發現的紀錄。以真菌的孢子及菌絲為食，所取食的對象可能主要為髮菌科的特定種類黴菌如麴菌、青黴菌等。成蟲爬行動作極緩慢，具明顯趨光行為，不會飛行。某些新裝潢的建築物中，因通風不良，致使工程使用的建材、石膏板發霉，也可能造成半白長轉姬薪蟲大量發生。體表白色蠟質分泌物之用途尚不明，可能與環境營養程度有關。已知分布亞洲、歐洲及美洲，亞洲可見於台灣、日本、中國。

■半白長轉姬薪蟲與一元硬幣之大小比較。

■半白長轉姬薪蟲的體型相當小，爬行速度緩慢。

■翅鞘表面有明顯的粗糙圓形點刻，除少許呈不規則排列外，大部分皆排列成行。

昆蟲綱

鞘翅目

■角胸粉扁蟲，外觀紅褐色，體扁而具有光澤。

# 角胸粉扁蟲

**學名**／ *Cryptolestes* spp.

**別名**／扁穀盜

**分類**／昆蟲綱 Insecta，鞘翅目 Coleoptera，姬扁甲科 Laemophloeidae

　　成蟲體長 1.2 ~2.3 公釐，體表紅褐色，體扁而具有光澤。體表散布淡黃色剛毛及微小點刻，翅鞘表面具縱向脊起。前胸背板背面觀呈倒梯形。複眼黑色，圓形。觸角橙至紅褐色，共 11 節。

　　本屬昆蟲一般出現在囤放乾燥食品的環境，通常伴隨其他穀物害蟲發生。耐乾燥及低溫，偏好取食破損穀物、穀物碎片及粉屑，取食對象包括白米、糙米、玉米、黃豆、堅果、香菇等及穀類加工製品。成蟲產卵於食品表面裂縫或穀物胚部，幼蟲孵化後侵入食品內部或在表面蛀食。有同種

相殘的習性，幼蟲有時會取食同類的蛹。本屬有多種世界性分布的種類，國內儲藏食品中常出現者可能至少有 2 種，彼此外觀相似而在鑑定上有相當的難度，詳細分類地位仍有待進一步釐清。國內曾有進口的糙米、玉米、黃豆、咖啡豆、蒜頭檢出夾帶本屬物種的案例。

■翅鞘表面可見縱向脊起，體表散布淡黃色剛毛。

■體扁而具有光澤，外觀紅褐色。

■糙米堆中的個體，可見其體型微小。

昆蟲綱

鞘翅目

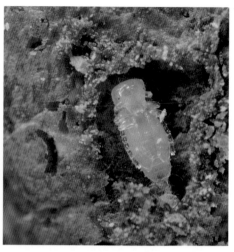

■有時可在市售香菇中發現本屬種類。　■乾燥香菇中的蛹，外觀乳白色。

■在儲藏香菇表面活動的幼蟲及成蟲。

■鋸胸粉扁蟲，外觀紅褐至黑褐色，體表具淡黃色毛。

# ＃ 鋸胸粉扁蟲

**學名**／ *Oryzaephilus surinamensis* (Linnaeus, 1758)

**別名**／鋸穀盜、鋸胸穀盜

**分類**／昆蟲綱 Insecta，鞘翅目 Coleoptera，細扁甲科 Silvanidae

　　成蟲體長 1.8 ~3.3 公釐，外觀紅褐至黑褐色，體長而扁，體表散布淡黃色毛及微小點刻。複眼黑色，橢圓形且凸出。複眼後方有一角狀凸起，其長度短於複眼直徑。前胸背板可見 3 條明顯的縱向脊起，背板左右兩側邊緣又各有 6 枚鋸齒狀凸起。翅鞘表面有明顯的脊起及點刻，每個翅鞘表面之縱向脊起約 4 條；縱向脊起之間具點刻所排列成的縱向溝紋，每個翅鞘各約有 10 道溝紋。觸角紅褐至黑褐色，共 11 節，端部 3 節略顯膨大。

　　本種與同屬的大眼鋸胸粉扁蟲外觀及習性皆極為相似，主要區別在於

昆蟲綱

鞘翅目

頭部形態。鋸胸粉扁蟲複眼較小，複眼後方角狀凸起較鈍，由背面觀，其長度大於複眼直徑的 1/2；大眼鋸胸粉扁蟲複眼較大且凸出，複眼後方角狀凸起較尖，由背面觀，長度小於複眼直徑的 1/3。

　　鋸胸粉扁蟲是常見的倉儲害蟲，一般出現在囤放乾燥食品的室內環境，成蟲及若蟲取食多種植物性食品，尤其偏好堅果類、破損的穀物及其碎屑、粉末。常出現於腰果、核桃、花生、玉米、黃豆、白米等食品，以及麵粉、通心粉等小麥加工製品中，並隨之被攜入住家室內。有時也會在巧克力、菸草、乾燥水果、飼料中發現。牠們為次要害蟲，一般不取食穀物類如白米之較堅硬、乾燥的完整穀粒，但能取食表面有破損，或已遭其他昆蟲取食過而表面缺損的穀粒及其碎片。終齡幼蟲化蛹前會以分泌物黏綴食物碎屑以營造蛹室，並於其內化蛹。成蟲爬行快但幾乎不飛行，平時喜躲藏於陰暗狹小縫隙，適應力強，能耐乾燥與低溫，在食物充足的條件下可存活達 2~3 年。廣泛分布世界各地，在中國、日本、台灣、泰國、印度、美國的穀倉環境皆常見。

■體型長且扁，爬行能力佳，善於鑽進食品包裝、食物縫隙間藏匿。

■鋸胸粉扁蟲之前胸兩側具有鋸齒狀凸起，因而得名。

■體表剛毛明顯，前胸背板背面有 3 條脊線，翅鞘上有點刻及縱向脊起。

■鋸胸粉扁蟲（右）、大眼鋸胸粉扁蟲（左），兩者背面外觀之比較。鋸胸粉扁蟲複眼較小，複眼後方的角狀凸起較大且鈍；大眼鋸胸粉扁蟲複眼較大而凸出，複眼後方的角狀凸起較小且尖。

■鋸胸粉扁蟲（右）、大眼鋸胸粉扁蟲（左），兩者腹面外觀之比較。因體長變化大，體型大小並不適合用來判定兩者。

■大眼鋸胸粉扁蟲，棲息在腰果中的個體。外觀紅褐至黑褐色，體表遍布明顯淡黃色毛。

# #　大眼鋸胸粉扁蟲

**學名**／ *Oryzaephilus mercator* (Fauvel, 1889)
**別名**／大眼鋸穀盜、貿易穀盜
**分類**／昆蟲綱 Insecta，鞘翅目 Coleoptera，細扁甲科 Silvanidae

　　成蟲體長 2.2~3.3 公釐，外觀紅褐至黑褐色，體長而扁，體表散布淡黃色毛及微小點刻。複眼黑色，橢圓形而明顯凸出。複眼後方有一角狀凸起，其長度小於複眼直徑的 1/3。前胸背板兩側邊緣各有 6 枚鋸齒狀凸起，背面可見 3 條明顯的縱向脊起。翅鞘表面有明顯的脊起及點刻，每個翅鞘表面之縱向脊起約 4 條；縱向脊起之間具點刻所排列成的縱向溝紋，每個翅鞘各約有 10 道溝紋。觸角紅褐至黑褐色，共 11 節，端部 3 節略顯膨大。

　　大眼鋸胸粉扁蟲多出現在囤放乾燥食品的室內環境，危害多種植物性

食品，尤其偏好取食堅果類及富含油脂的植物種子，也會取食加工過的穀物製品、花生、芝麻、黃豆等，但較少出現在未加工的穀物類中。成蟲爬行快，平時喜躲藏於陰暗狹小縫隙。廣泛分布世界各地，但主要發生於熱帶及較溫暖的地區，國內曾有家庭在進口的罐裝腰果中發現大量個體的紀錄。

　　本種與同屬的鋸胸粉扁蟲外觀及習性皆極為相似，兩者主要可藉由頭部特徵分辨，且與鋸胸粉扁蟲相較，大眼鋸胸粉扁蟲的耐寒性較差，也更偏好油脂含量高的食品。

■蛹，乳白色，胸部及腹部具細小刺狀凸起。

■幼蟲，體微小而活潑，外觀乳白至淡黃，各體節可見黃褐至褐色淡斑。頭部及口器顏色較深。

昆蟲綱

鞘翅目

■大眼鋸胸粉扁蟲，與近似種鋸胸粉扁蟲相較，本種複眼比例較大、較凸出，複眼後方角狀凸起較尖，長度小於複眼直徑的 1/3。

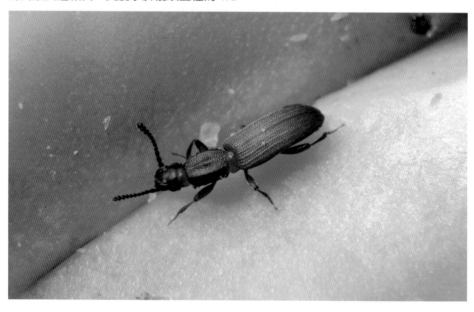

■大眼鋸胸粉扁蟲，前胸背板有 3 條明顯的縱向脊起，觸角端部略顯膨大。

■標準型的四紋豆象雌蟲，體色紅褐至黑褐色，翅鞘斑紋近似「X 形」。

# 四紋豆象

**學名**／ *Callosobruchus maculatus* (Fabricius, 1775)
**別名**／四點豆象
**分類**／昆蟲綱 Insecta，鞘翅目 Coleoptera，金花蟲科 Chrysomelidae

　　成蟲體長 2.5~3.5 公釐，體色紅褐至黑褐色，體表散布不規則小點刻，頭部明顯窄於胸部。頭部向下彎曲，複眼黑色似馬蹄形，與觸角相鄰區域明顯呈凹陷狀。前胸背板近梯形，前端窄而後端寬，略向下彎曲，後側中央並有一塊由剛毛所組成的白斑。翅鞘布滿剛毛，每翅鞘表面並具 10 條凹陷之縱向溝紋。翅鞘之剛毛構成米白至褐色斑紋，兩翅鞘合起，斑紋一般近似「X 形」。觸角 11 節，黃褐至黑褐色，略呈鋸齒狀。

　　成蟲具兩型，常見為「標準型」，但當幼蟲生活擁擠、環境較不適時

昆蟲綱

鞘翅目

會產生另一「活潑型」成蟲，因此本種體色及體表斑紋在個體間變異相當大。「標準型」體型橢圓形，雌蟲體型較大且顏色較深，翅鞘斑紋明顯，腹部末端明顯外露於翅鞘，外露之腹部背板兩側各具一寬大深色斑紋；雄蟲體型較小而翅鞘色澤較不鮮明，腹部末端外露區域較小且不具斑紋。「活潑型」成蟲則體型較方短，雌雄體色均較標準型淡。而兩型除了外觀略有不同外，在生理與行為上也有差異。

　　四紋豆象為常見的儲藏豆類害蟲，多出現在田間或囤放乾燥食品的倉庫中，也常隨食品夾帶而來到居家環境。幼蟲以多種豆類為食，如綠豆、紅豆、黃豆、豌豆、蠶豆、菜豆等。室內之雌蟲產卵於豆類表面，野外成蟲則產卵於豆莢表面。儲藏的豆類種子表面常會黏附多粒卵，但通常一顆種子只能提供一隻個體順利成長、羽化。幼蟲孵化後便直接鑽入果實內蛀食，至成蟲羽化才咬破種皮離開。已知成蟲能取食含糖物質與特定豆類，但不取食亦能直接交配；成蟲若有取食，壽命及產卵量將增加。原產亞熱帶，目前分布熱帶及亞熱帶地區。

本種與同屬的綠豆象外觀及習性皆極為相似，可由形態細部特徵區分。四紋豆象之觸角略呈鋸齒狀，雌雄間觸角形態差異不大，約第5~10節各小節近似梯形；而綠豆象雄蟲之觸角呈櫛齒狀，雌蟲則為鋸齒狀，雌雄觸角約第5~10節各小節較尖凸而近似三角形。

■標準型的雄蟲。觸角 11 節，黃褐至黑褐色，略呈鋸齒狀。

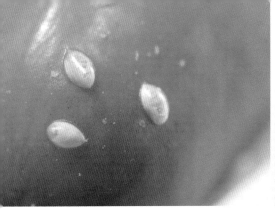

■卵，產下時表面帶有黏稠分泌物，任一粒卵皆會緊密黏附在豆子表面。

■受四紋豆象危害的綠豆，成蟲羽化咬破種皮，從留下的圓形孔洞可見內部被蛀空。

■標準型的雄蟲翅鞘特寫。翅鞘表面剛毛明顯，且每翅鞘具 10 條縱向溝紋。

■標準型的雌蟲。體表斑紋變異大，腹部末端明顯外露。

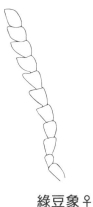

四紋豆象　　　綠豆象♂　　　綠豆象♀

■四紋豆象與綠豆象之觸角形態比較。（林劭如／繪）

■綠豆象體色紅褐至黑褐色，翅鞘具明顯縱向溝紋，體表斑紋變化大。

# 綠豆象

**學名**／ *Callosobruchus chinensis* (Linnaeus, 1758)
**別名**／中國豆象、小豆象
**分類**／昆蟲綱 Insect，鞘翅目 Coleoptera，金花蟲科 Chrysomelidae

　　成蟲體長 2 ~3.6 公釐，體色紅褐至黑褐色，體表散布不規則小點刻，頭部明顯窄於胸部，體色及體表斑紋變異大。頭部向下彎曲，複眼黑色似馬蹄形。前胸背板近梯形，略向下彎曲，後側中央並有一塊由剛毛所組成的白斑，白斑著生區域為兩個相連的瘤突。兩翅鞘合起時，其表面斑紋一般近似「X形」，斑紋呈米白至褐色，每翅鞘表面並具 10 條凹陷之縱向溝紋。翅鞘未完全覆蓋腹部，腹部末端外露，腹部第 2~5 節腹板兩側具濃密剛毛構成的白斑塊。觸角 11 節，黃褐至黑褐色，雄蟲觸角為櫛齒狀，

雌蟲觸角為鋸齒狀。雌雄之翅鞘形態及顏色皆相似。

　　綠豆象廣泛分布世界各國，多出現在田間或囤放乾燥食品的倉庫，其幼蟲以多種豆類為食，如綠豆、紅豆、黃豆、黑豆、蠶豆、豌豆等，尤其偏愛綠豆。成蟲產卵於儲藏的豆類表面，部分成蟲亦產卵於田間的豆莢。幼蟲孵化後直接鑽入果實內蛀食，至成蟲羽化才咬破種皮離開。成蟲取食植物花粉、水分、含糖物質，但不取食亦能直接交配。

　　本種與同屬的四紋豆象外觀及習性皆極為相似，可由觸角形態區分，特別是雄蟲之觸角外觀明顯呈櫛齒狀，與四紋豆象不同。

■在綠豆象的腹部第 2~5 節腹板兩側可見相當明顯的白色斑塊。

■翅鞘表面斑紋常近似「X 形」，具明顯剛毛，前胸背板後側中央具一白斑。

昆蟲綱

鞘翅目

■擬穀盜成蟲，外觀紅褐色，體略扁而帶有些許光澤。

# #擬穀盜

**學名**／ *Tribolium castaneum* (Herbst, 1797)
**別名**／赤擬穀盜
**分類**／昆蟲綱 Insecta，鞘翅目 Coleoptera，擬步行蟲科 Tenebrionidae

　　成蟲體長 2.8~4.3 公釐，外觀長橢圓形而呈紅褐色，體略扁而帶有些許光澤。體表具微小點刻，翅鞘表面可見細小的縱向線狀脊起。前胸背板兩側邊緣略呈弧形，前胸背板中央區域的點刻小於兩側近邊緣處的點刻。複眼黑色，觸角及各足皆為紅褐色。觸角共 11 節，第 9~11 節明顯膨大。

　　擬穀盜最早可能起源於野外的枯倒木或樹木的樹皮縫隙，如今為頻繁出沒於穀倉、麵粉加工廠的食品害蟲，偶爾伴隨穀物製品來到家庭環境。成蟲和幼蟲極耐旱，取食乾燥的植物性食品，取食的食材種類廣泛，

尤其常見於麵粉及麩皮中。也會取食破損的糙米、米糠、燕麥、小麥等穀物，其他如餅乾、玉米、花生、黃豆、高粱、酵母粉，甚至乾燥水果、巧克力等。口器發達，能咬穿食品包裝袋而四處擴散。成蟲喜陰暗溫暖環境，習慣躲藏於食物堆底層或室內牆角、地板縫隙等陰暗處，多直接產卵於食物表面或粉屑中。由於成蟲腹部的腺體會分泌含苯醌（benzoquinone）的揮發性物質，具特殊腥臭味，常會造成食品汙染、發臭。成蟲具群聚性，

■翅鞘表面可見細小縱向脊線，每個翅鞘約有 10 條脊線。

但食物不足時，幼蟲與成蟲會有取食同種卵及蛹的自相殘殺情形。成蟲在食物充足條件下可存活數個月，最長甚至可超過一年。廣泛分布世界各地，國內曾有進口的糙米、玉米、芝麻、大麥、大蒜檢出夾帶本種的案例。

本種與另一種世界性分布的扁擬穀盜（*Tribolium confusum*）在外形、生物學與行為上均非常相似，兩者可由觸角特徵區分：擬穀盜的觸角在末三節明顯膨大，扁擬穀盜則是末四至五節逐漸膨大。

■體表遍布微小點刻，複眼黑色，觸角末 3 節膨大。

■幼蟲淡黃至淡褐色，具有 3 對胸足，體型小且常藏於食物縫隙間，不容易被發現。終齡幼蟲體長可長至約 6~8 公釐。

昆蟲綱

鞘翅目

■蛹外觀米白至褐色，長約 4~4.5 公釐。

■擬穀盜成蟲具群聚性，常會集體棲息於物體縫隙間。

■長首穀盜的外觀呈黃褐色，體表散布微小點刻。

# # 長首穀盜

**學名**／ *Latheticus oryzae* Waterhouse, 1880
**別名**／長頸穀盜、長頭穀盜
**分類**／昆蟲綱 Insecta，鞘翅目 Coleoptera，擬步行蟲科 Tenebrionidae

　　成蟲體長 2.5~3 公釐，外觀長橢圓形，體表黃褐色，體型略扁而帶有些許光澤。體表具微小點刻，翅鞘表面點刻排列成縱向平行溝紋。前胸背板近梯形，後端稍窄於前端。觸角黃褐色，外觀粗短，長度短於兩複眼間的距離；共 11 節，第 7~11 節膨大形成棍棒狀，最末端的第 11 節寬度較第 10 節為窄。本種外觀與同科的擬穀盜相似，但體色與觸角形態明顯不同。

　　長首穀盜在室內多出現於囤放的穀物中，取食乾燥的植物性食品，主

昆蟲綱

鞘翅目

要取食麵粉、稻穀、白米、玉米、小麥、大麥，以及中藥材，尤其偏好破碎或磨成粉末狀的穀物，為次要害蟲。成蟲具群聚性，常躲藏於食物堆底層。喜溫暖環境，但不耐低溫，於低於 20℃ 環境下幾乎無法順利發育、繁殖。曾在其他國家被記錄棲息於倒木、樹木樹皮縫隙間。成蟲具趨光性，會受燈光所吸引。廣泛分布於世界各地，主要分布熱帶地區。

■觸角短，長度通常短於兩複眼間的距離，觸角末端 5 節明顯膨大。

■翅鞘上的點刻排列成縱向平行溝紋，每個翅鞘表面大約有 7 條溝紋。

■長首穀盜，體型略扁而帶有些許光澤。

■在穀物中活動的長首穀盜。成蟲喜溫暖環境，常棲息在食物堆底層。

昆蟲綱

鞘翅目

■外米擬步行蟲成蟲大多呈黑色，體表遍布細小點刻。

# 外米擬步行蟲

**學名**／ *Alphitobius diaperinus* (Panzer, 1796)
**別名**／外米偽步行蟲、黑菌蟲、黑色迷你麵包蟲
**分類**／昆蟲綱 Insecta，鞘翅目 Coleoptera，擬步行蟲科 Tenebrionidae

　　成蟲體長 5.5~7 公釐，體呈寬扁的橢圓形，外觀黑褐至黑色，具有光澤。體表布滿圓形細小點刻，翅鞘表面點刻排列成縱向平行溝紋，每一翅鞘一般有 9 道溝紋。複眼黑色，與頭部兩側向後延伸的板片部分重疊，使複眼前方近中央處呈凹陷狀。觸角紅褐色，具淡黃色毛，共 11 節，自第 5 節起各節之邊緣向內側逐漸擴展，因而第 5~10 節呈鋸齒狀，第 11 節則呈卵圓形且顏色較淡。前胸腹面具有一「前胸腹突」構造，大致呈縱向隆起狀，位在兩前足基部之間，且其端部明顯變尖。中胸腹面大約兩中足基

V 形脊　　　　前胸腹突

■成蟲體表具光澤，翅鞘表面可見　■成蟲前胸腹面具隆起的前胸腹突，中胸腹面另
點刻構成之縱向溝紋。　　　　　　有一 V 形脊。

部間另可見一光滑的「V 形」脊。

　　外米擬步行蟲的成蟲與幼蟲皆活潑，偏好含水分的穀物製品，特別是
潮濕、發霉或腐敗的穀物及其碎屑。常出現在一些養雞場的飼料碎屑及雞
糞堆中，也可見於飼料工廠、麵粉工廠內堆積粉屑的角落。在野外環境也
能棲息於鳥巢、鼠巢及洞穴中，有時戶外的堆肥亦有機會發現被吸引來的
個體。取食之食材種類廣泛，包括白米、米糠、小麥、大麥、燕麥、麵粉、
麥麩、玉米、花生、芝麻、豆類、中藥材等，也會取食昆蟲屍體等動物性
蛋白質成分。成蟲直接產卵於穀物堆或粉屑堆中，幼蟲孵化後便直接在當
中活動、取食。喜陰暗潮濕發霉的環境。具群聚性，但在擁擠環境中幼蟲
與成蟲會有自相殘殺，取食同種卵及蛹的情形發生，同時藉此抑制族群。
此外須注意的是，本種會媒介家禽白血病病毒及多種病原，若養雞場環境
管理不當，使得外米擬步行蟲數量變多，豢養的小雞可能因此吃進幼蟲及
成蟲，而導致雞隻罹病、死亡。本種廣泛分布世界各地，在台灣、日本、

昆蟲綱

鞘翅目

中國皆常見。

　　同屬另一種姬擬步行蟲（*Alphitobius laevigatus*）與本種外觀近似，差別在於：姬擬步行蟲體長 4.5~5 公釐，體型略小，前胸背板點刻較粗而密集，前胸背板兩側呈弧形，觸角自第 7 節起各節之邊緣向內側逐漸擴展；外米擬步行蟲前胸背板點刻較細而稀疏，前胸背板兩側約中段至基部幾乎不呈弧形，觸角自第 5 節起各節之邊緣向內側逐漸擴展。此外，姬擬步行蟲在台灣穀倉環境與廚餘中少見，外米擬步行蟲族群則較優勢。

■觸角紅褐色，
共 11 節，中段
以後呈鋸齒狀。

■複眼黑色，特定
角度可見觸角旁
有一板片與複眼
重疊，致使複眼近
中央處內凹。

■外米擬步行蟲，
幼蟲，體表各節有
明顯的黑褐色帶
紋，具 3 對短小
的胸足。終齡幼蟲
體長約 10~13 公
釐。

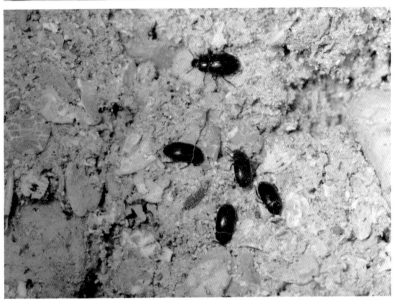

■飼料碎屑及廢
棄的穀物堆相當
適合外米擬步行
蟲繁殖。

■蛹，外觀淡黃
色，常藏於穀物堆
中。

昆蟲綱

鞘翅目

# 暹邏穀盜

**學名／** *Lophocateres pusillus* (Klug, 1832)

**別名／** 暹羅穀盜

**分類／** 昆蟲綱 Insecta，鞘翅目 Coleoptera，小穀盜科 Lophocateridae

　　成蟲體長 2.6~3.2 公釐，外觀紅褐至深褐色。體扁而呈長橢圓形，體表布滿細小圓形點刻及稀疏的柔毛，前胸背板兩側及翅鞘邊緣具細窄的扁平區域。前胸背板表面點刻清晰可見，背板兩側前端略呈尖凸狀。翅鞘表面有明顯的縱向隆起脊線，各脊線之間具細小點刻所排列成的 2 條縱向溝紋。觸角紅褐至深褐色，共 11 節，第 1 節膨大呈球狀，第 2 節自第 1 節側邊伸出；第 9~11 節膨大呈棍棒狀。後足脛節具一列端刺。

　　暹邏穀盜一般出現在囤放乾燥食品的環境，通常伴隨其他穀物害蟲發

生，取食有破損的穀物，屬於次要害蟲。成蟲爬行緩慢，主要以乾燥的儲藏穀物為食，取食稻穀、糙米、小麥、玉米、咖啡豆、豆類、乾燥水果、中藥材等。廣泛分布世界各地，主要分布熱帶及亞熱帶區域，常見於亞洲、美洲、非洲及大洋洲。

■成蟲外觀長橢圓形，翅鞘寬扁。

■翅鞘表面縱向脊線清晰可見。

昆蟲綱

鞘翅目

■ 紅胸隱翅蟲，體表橙紅、黑相間，整體外觀恰好為二色依順序排列。

# 紅胸隱翅蟲

**學名**／ *Paederus fuscipes* Curtis, 1840
**別名**／青翅蟻形隱翅蟲、毒隱翅蟲
**分類**／昆蟲綱 Insecta，鞘翅目 Coleoptera，隱翅蟲科 Staphylinidae

　　成蟲體長 7.5~9 公釐，體型細長，體表具光澤。頭部及腹部末端兩節體節為黑色，翅鞘黑色帶有綠或藍綠色金屬光澤，身體其他區域則為橙至橙紅色，腹部背側時常可見不規則狀之不明顯黑斑。觸角基部約 1~3 節通常為橙紅色，其餘各節多呈黑褐色。頭及翅鞘表面密布細小點刻及黑褐色剛毛，前胸及腹部表面亦可見長短不一之褐色剛毛。翅鞘長度僅達腹部 1/3 處，腹部除前 2 節受翅鞘覆蓋外，其餘各節裸露。腹部末端無尾毛，但可見一對尖細構造，為背板特化而成的肛側板。各足為橙紅色調，於腿

節與脛節相連處，以及跗節各小節之交界處常可見黑褐色斑塊。

　　紅胸隱翅蟲在台灣可見於低海拔山區和平地，尤其偏好潮濕環境，主要棲息於菜園、農田、近水源環境等富含腐敗有機質之處，雌蟲一般產卵於潮濕物質中。成蟲爬行快速且擅飛行，夜間會受光源吸引，故偶爾飛進住家室內。以小型昆蟲或節肢動物為食，也會取食腐肉、腐果等腐敗物質。已知除美洲外幾乎廣泛分布世界各地，亞洲地區如中國、日本、印度等國皆可見。

　　本種及其同屬的種類體液中含有刺激性的「隱翅蟲素」，身體若遭受擠壓而破裂時體液會流出，一旦體液接觸到人體，將導致人體皮膚出現紅腫、潰爛、水泡等症狀，並伴隨灼痛感，俗稱「隱翅蟲皮膚炎」。因此家中發現紅胸隱翅蟲時，請以輕吹或輕撥方式將蟲趕走，切勿拍打，若不慎使蟲體破裂並讓皮膚沾染到其體液，務必盡速以清水沖洗以減低皮膚受傷害之程度。

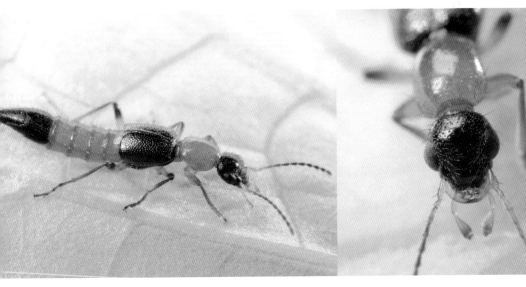

■各足為橙紅色調，具黑褐色不規則斑塊。

■頭部可見咀嚼式口器，複眼黑色。

昆蟲綱

鞘翅目

■正在伸展後翅的成蟲，露出翅鞘下的後翅。後翅膜質且長，平時摺疊收於翅鞘下方。

■夜間在建築物外牆活動的紅胸隱翅蟲。

■赤足郭公蟲，成蟲體型長橢圓形，外觀為藍黑或黑色帶有金屬光澤。

# # 赤足郭公蟲

**學名**／ *Necrobia rufipes* (De Geer, 1775)
**別名**／赤腳郭公蟲、赤足椰甲
**分類**／昆蟲綱 Insecta，鞘翅目 Coleoptera，郭公蟲科 Cleridae

　　成蟲體長 3.6~7 公釐，體型長橢圓形，體表可見不明顯的細小點刻。前胸背板近梯形，兩側呈弧形，具明顯向外生長之黑色剛毛。除觸角基部與各足為橙紅色外，軀體大部分皆為藍黑或黑色，帶有藍綠色金屬光澤。頭、胸及腹部表面皆布滿黑褐色短剛毛，各足上則具有橙紅色毛。觸角 11 節，第 9~11 節明顯膨大呈棍棒狀。

　　赤足郭公蟲成蟲爬行快速，食性廣泛，偏好富含蛋白質及油脂的動、植物性成分，為儲藏乾燥及煙燻肉類之害蟲，雌蟲通常一次產多顆卵於食

昆蟲綱

鞘翅目

品表面，幼蟲會鑽入乾肉內取食，特別是脂肪部分，成蟲則取食食品的表面部位。在一般家庭中偶爾會侵入犬貓專用之寵物飼料，也會取食回放的動物性藥材、奶酪、鹹魚、骨粉、骨頭、皮革、椰乾等，或捕食其他昆蟲。腐敗椰乾所散發的氣味常會吸引本種昆蟲前往取食。當族群數量高時，會有同類間自相殘殺的習性，成蟲會直接捕食同種的幼蟲，同種幼蟲之間也會互相捕食。在戶外可見於低海拔山區和平地，野外個體會取食死亡動物的殘骸。廣泛分布世界各地，是法醫昆蟲學方面的重要物種，在刑事鑑識上能有助於判定遺體的死亡時間。

　　本種外觀與同屬的藍琉璃郭公蟲（*Necrobia violacea*）相似，可藉由觸角及足的顏色來區分。藍琉璃郭公蟲全身顏色均一，而赤足郭公蟲觸角及足有明顯橙紅色部分，並且在國內藍琉璃郭公蟲族群不如赤足郭公蟲普遍。

■赤足郭公蟲成蟲的觸角基部約 3~5 節與各足為橙紅色。

■觸角末 3 節膨大，體表可見許多短剛毛及淺點刻。

■赤足郭公蟲，除觸角基部與各足為橙紅色外，軀體大部分皆為藍黑或黑色。

■家天牛，雌蟲。雌蟲觸角端部若朝腹部方向拉直，可見觸角最末 1 節超出軀體末端；雄蟲則是觸角末 5 節超出軀體末端。

# 家天牛

**學名**／ *Stromatium longicorne* (Newman, 1842)
**別名**／長角鑿點天牛
**分類**／昆蟲綱 Insecta，鞘翅目 Coleoptera，天牛科 Cerambycidae

　　成蟲體長 1.4~3 公分，體色黃褐至深褐色，體表密布黃灰色絨毛。複眼黑色呈腎形，近觸角處明顯凹陷。前胸近球形，表面可見不規則凹陷紋路，正中央具一道縱向之脊狀凸起。翅鞘表面密布微毛，並可見許多明顯凸起之點狀顆粒。觸角共 11 節，雄蟲觸角明顯長於身體，長度約為身體長度的兩倍；雌蟲觸角則僅略長於身體。雄蟲在前胸側面接近腹面處尚具一密布黃灰色雜亂短毛的大型凹穴。

　　家天牛可見於台灣低海拔山區和平地，幼蟲期約 2~10 年，幼蟲以枯

樹及乾燥木材為食，取食範圍包括居家木製建材與木製品，且多為闊葉樹材。幼蟲在木材中形成隧道，一般只危害邊材，成蟲羽化時會咬開木材飛出，造成直徑約 1 公分的孔洞。因早年多見於木製房屋，或在木製家具中發現其幼蟲，故名「家天牛」。成蟲全年可見，夜行性，夜間有趨光行為。廣泛分布亞洲南部，可見於台灣、中國、泰國、緬甸、馬來西亞、印度、日本及菲律賓。偶爾也會隨家具夾帶而進入歐洲國家。

■家天牛體色黃褐至深褐色，前胸背板正中央具一道縱向脊狀凸起，翅鞘表面可見明顯點狀顆粒。

昆蟲綱

鞘翅目

■黑頭慌蟻現今在台灣居家環境相當常見，但實際上是外來入侵種螞蟻。

# # 黑頭慌蟻

**學名**／ *Tapinoma melanocephalum* (Fabricius, 1793)
**別名**／黑頭慌琉璃蟻、黑頭酸臭蟻、臭酸蟻
**分類**／昆蟲綱 Insecta，膜翅目 Hymenoptera，蟻科 Formicidae

　　工蟻體長 1.7~2.2 公釐，體色由頭至腹末對比分明。頭部顏色明顯較深，呈黑褐色；胸部褐至深褐色；錘腹則為米白至淡黃色，略有透明感，表面散布不規則狀褐色斑紋。觸角與各足為半透明的米白至黑褐色。觸角共 12 節，第一節特長。

　　黑頭慌蟻分布台灣平地至低海拔山區，山野與人工建築物中均可見其蹤跡，是台灣居家環境相當常見的螞蟻。於戶外可見於森林、農地、近郊綠地，也常於建築物的牆縫、家具縫隙或任何室內的小孔洞間築巢。為多

蟻后型群落，同一巢中會有若干至數十隻具生殖力的蟻后存在，巢內工蟻可達數百甚至數千隻。雜食性，偏好糖分，常撿拾各種人類的食物碎屑，也會捕食小型節肢動物。活動力強、爬行快速，且繁殖速度快，住宅中族群量大時，常會發生叮咬人畜的情形，造成生活上之困擾。人類也常在睡夢中遭叮咬而不自覺，被叮咬過之皮膚通常會起輕微紅疹，並伴隨搔癢感。若遭外力導致身體破裂，會釋出一股特殊的酸味。通常有翅生殖蟻之雄性能移動至其他巢尋找雌性交配繁殖後代。

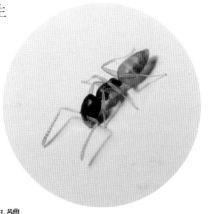

■工蟻頭部黑褐色，錘腹淺色略有透明感，為其最主要特徵。

原產亞洲地區，現廣泛分布世界各地熱帶及亞熱帶地區。

■覓食中的工蟻，體色分明，相當容易與其他種類的螞蟻工蟻區別。

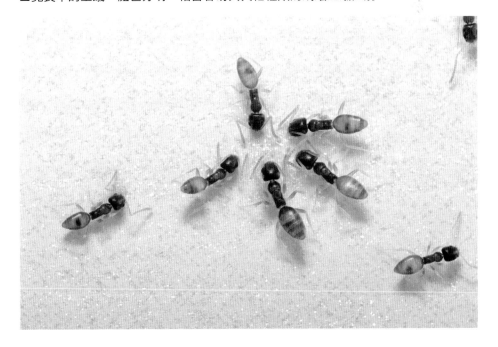

昆蟲綱

膜翅目

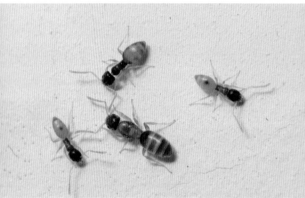

■櫥櫃表面的覓食隊伍。

■在牆壁與櫥櫃夾層間棲息、繁殖的黑頭
慌蟻,當中體型較大者為蟻后。蟻后除了
體型較工蟻大,腹部黑褐色斑紋也較工蟻
明顯。

■工蟻正在攝取水分。

### 螞蟻的季節性婚飛

　　一般野生的螞蟻在特定季節會有集體飛出巢的「婚飛」行為,此習性
類似於白蟻的「分飛」行為。不同之處在於,螞蟻的有翅生殖蟻是於飛行
途中交配,雌性在交配後隨即尋找地點建立蟻巢;白蟻的有翅生殖蟻則是
在落地後尋找配偶,覓得藏身地點後才開始交配。由於螞蟻是飛行中交配,
常稱作「婚飛」;白蟻並非飛行中交配,故稱「分飛」較貼切。

　　不過,許多長期適應居家環境的螞蟻已不以固定的婚飛模式繁殖,並
且亦無固定的交配季節,而其新生的有翅生殖蟻能夠直接在巢內自相交配,
或者雄性能移動至不同巢尋找伴侶交配。

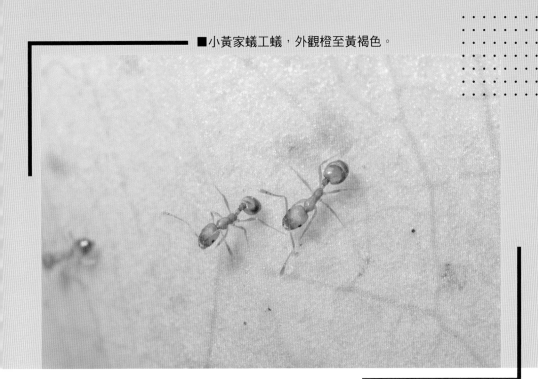

■小黃家蟻工蟻，外觀橙至黃褐色。

# # 小黃家蟻

**學名**／ *Monomorium pharaonis* (Linnaeus, 1758)
**別名**／小黃單家蟻、法老蟻
**分類**／昆蟲綱 Insecta，膜翅目 Hymenoptera，蟻科 Formicidae

　　工蟻體長 1.8~2.4 公釐，外觀橙至黃褐色。觸角共 12 節，第一節特長，第 10~12 節膨大。複眼小，呈橢圓形。胸部與腹部間的細長腰節由腹部第二、三節組成，側面觀呈雙峰狀。腹部末端具黑褐色不規則狀斑紋。

　　小黃家蟻是知名的居家螞蟻，可見於台灣平地至中海拔山區，然而在人工建築物內外出現的頻率往往比在自然環境中高。常在各地建築物中的牆縫築巢，偏好於廚房、浴室、家電縫隙等接近熱源的環境活動。為多蟻后型群落，同一巢中會有數十至數百隻具生殖力的蟻后存在，繁殖力

昆蟲綱

膜翅目

強，巢內工蟻可達上萬隻。雜食性，偏好取食富含蛋白質及醣類之物質，取食的食物廣泛，包括餅乾、糖果、菜餚等。對人類而言並不會造成健康危害，且不常有叮咬人的情形。通常同巢的有翅生殖蟻之雌、雄個體不須離巢，便能在巢內自相交配繁殖後代。原產非洲，長年隨人類活動而擴展分布地，現已廣泛分布世界各地，是世界上分布區域最廣的螞蟻。

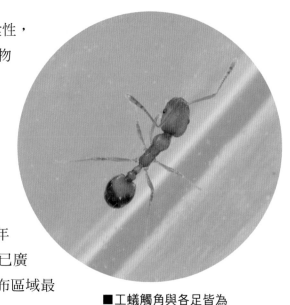

■工蟻觸角與各足皆為橙至黃褐色。

■胸腹之間的腰節側看呈雙峰狀，腹部末端具黑褐色不規則狀斑紋。

■小黃家蟻常出現在人工建築物，自然環境中反而較不易發現其族群。

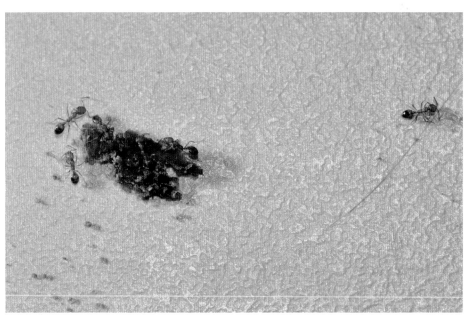

■受甜食吸引而來的工蟻。（陳彥叡／攝）

■中華單家蟻工蟻，軀體黑褐色，觸角與各足
黃褐色。

# 中華單家蟻

**學名**／*Monomorium chinense* Santschi, 1925

**別名**／中華小家蟻

**分類**／昆蟲綱 Insecta，膜翅目 Hymenoptera，蟻科 Formicidae

　　工蟻體長 1.6~1.8 公釐，外觀黑褐色。觸角與各足顏色略淡，呈黃褐色。觸角共 12 節，第一節特長，第 10~12 節膨大。複眼小，呈橢圓形。胸部與腹部間的細長腰節由腹部第二、三節組成，側面觀呈雙峰狀。外形與小黃家蟻相似，但體型略小，體色也明顯較深。

　　中華單家蟻分布台灣平地至低海拔山區，可見於森林、戶外草坪，也常在建築物的牆縫、地板空隙築巢。觀察時可發現相較其他常見之螞蟻，中華單家蟻的爬行速度明顯較緩慢，然而偶有叮咬人畜的情形發生。一個

巢中會有多隻具生殖力的蟻后存在，巢內工蟻可達數百隻。雜食性，一般撿拾各種食物碎屑、昆蟲屍體。有翅生殖蟻之雄性能移動至其他巢尋找雌性交配，以此方式繁殖後代。廣泛分布亞洲，可見於台灣、中國、日本、韓國、北韓、越南、泰國、斯里蘭卡。

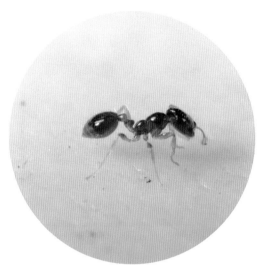

■觸角與各足皆為黃褐色。

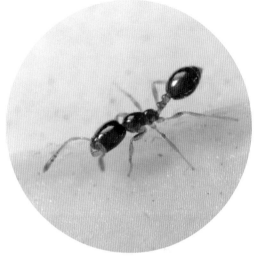

■胸腹之間的腰節側看呈雙峰狀。

■中華單家蟻（右上）與熱帶大頭家蟻（左下），兩種工蟻之體型比較。熱帶大頭家蟻的工蟻體型明顯較大。

■花居單家蟻工蟻，頭與錘腹呈黑褐色，體中央區域呈黃褐或橙色。

# 花居單家蟻

**學名**／ *Monomorium floricola* (Jerdon, 1851)
**別名**／花居小家蟻、異色小家蟻
**分類**／昆蟲綱 Insecta，膜翅目 Hymenoptera，蟻科 Formicidae

　　工蟻體長 1.6~1.8 公釐，體色為分明的雙色，頭與錘腹呈黑褐色，體中央區域呈黃褐或橙色。各足呈黃至黃褐色，端部色澤偏淡。觸角黃褐色，共 12 節，第一節特長，第 10~12 節膨大。複眼小，呈橢圓形。胸部與腹部間的細長腰節由腹部第二、三節組成，側面觀呈雙峰狀。體型與中華單家蟻相當，但中華單家蟻之體色均一，其爬行速度也較本種慢。

　　花居單家蟻分布台灣平地至低海拔山區，可見於森林邊緣、公園綠地、農田，也會在住家中的牆壁裂縫、地板空隙等環境築巢。在住家環境

偶有叮咬人畜的情形發生，叮咬後可能導致某些人的皮膚過敏、起紅疹。一個巢中會有多隻具生殖力的蟻后存在，巢內工蟻可達數百、數千隻。雜食性，偏好富含油質與蛋白質之食物，包括節肢動物、花蜜等。有翅生殖蟻之雄性能移動至其他巢尋找雌性交配，以此方式繁殖後代。原產亞洲，現已廣泛分布熱帶及亞熱帶地區。

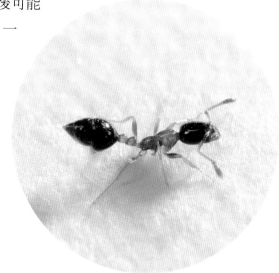

■體表雙色清晰可見，胸腹之間的腰節側看呈雙峰狀。

■幾隻工蟻正準備將發現的蛾類幼蟲搬回巢。

昆蟲綱

膜翅目

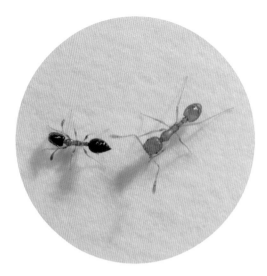

■花居單家蟻（左）與小黃家蟻（右），兩種工蟻外觀之比較。

■進食或飲水後，工蟻腹部鼓脹，腹部各節間會露出透明的膜質區域。

■受蛾類屍體吸引而大量聚集的工蟻。

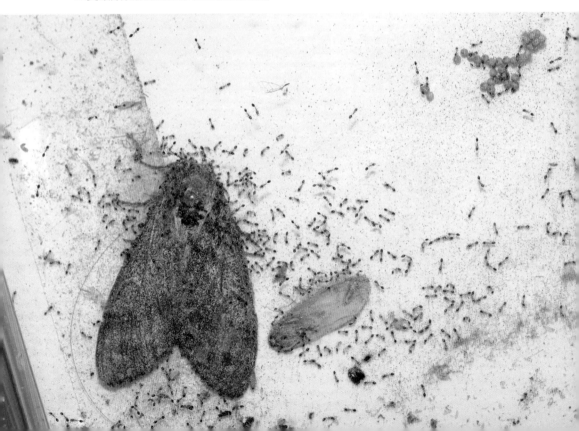

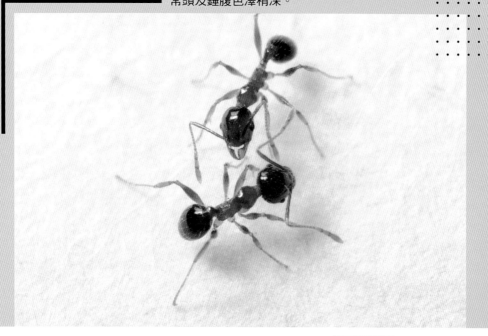

# 熱帶大頭家蟻

**學名**／ *Pheidole megacephala* (Fabricius, 1793)
**別名**／褐大頭蟻、熱帶大頭蟻
**分類**／昆蟲綱 Insecta，膜翅目 Hymenoptera，蟻科 Formicidae

　　工蟻體長 2.2~2.8 公釐，外觀紅褐至深褐色，頭部光滑無明顯刻紋。兵蟻體長 3.9 ~4.1 公釐，外觀紅褐至深褐色，頭部寬大、表面具凸起之線狀刻紋，頭頂中央凹陷。體表散布均勻的淺色剛毛。觸角共 12 節，第一節特長，第 10~12 節膨大。複眼黑色，呈橢圓形。胸部與腹部間的前伸腹節上具有一對棘刺。

　　熱帶大頭家蟻分布台灣平地至中海拔山區，可見於森林、草地、農田、公園，普遍築巢於土壤，也常會在石縫或樹根中築巢。一般不在建築物內

昆蟲綱

膜翅目

築巢，但因築巢環境往往與人類建築物相鄰，時常因覓食而進入低樓層的住家中。族群有明確的階級特化與分工，群體中有工蟻、兵蟻，以及有翅生殖蟻，當中以工蟻占大多數。爬行快速，有時會叮咬人畜，但遭叮咬通常不會引起疼痛等不適感。一個巢中會有數十隻具生殖力的蟻后存在，巢內的個體可達萬隻以上。雜食性，偏好富含蛋白質及油脂之食物，取食花蜜、植物果實、節肢動物、動物屍體等。也喜愛取食介殼蟲、蚜蟲分泌之蜜露，常能觀察到彼此的共生行為。原產非洲南部，擴散能力強，現已廣泛分布熱帶與亞熱帶地區，是世界上知名的入侵物種。

■工蟻，頭部光滑，前伸腹節上可見一對細小棘刺。

■兵蟻頭部特寫，頭部表面具凸起之線狀刻紋，頭頂凹陷。

■集體覓食的蟻群。

■熱帶大頭家蟻，中央體型較大者為兵蟻。

■工蟻，外觀黃橙至黃褐色，錘腹具不規則黑斑。

# # 大頭家蟻

**學名** ／ *Pheidole* spp.
**分類** ／昆蟲綱 Insecta，膜翅目 Hymenoptera，蟻科 Formicidae

　　工蟻體長約 1.6~2.4 公釐，外觀黃橙至黃褐色，頭部表面具刻紋，在群體中占大多數。族群中並可見體型略大的兵蟻，體長約 3 ~3.5 公釐，外觀黃橙至黃褐色，頭部寬大且表面具刻紋，頭頂中央凹陷。體表散布均勻的淺色剛毛。觸角共 12 節，第 1 節特長，其長度大致與頭部寬度相當，10~12 節則膨大。複眼黑色，呈橢圓形。胸部與腹部間的前伸腹節上可見一對短小棘刺，錘腹表面具不規則黑斑。

　　此類外觀大致呈黃褐色調之物種，在台灣都市中常見者可能至少有 2

種，彼此形態及體色皆相似，單憑外觀不容易區分種類。由於築巢環境時常與建築物相鄰，故覓食時偶爾會出現在低樓層的住家中。群體中除了有工蟻、兵蟻，尚具有翅生殖蟻。雜食性，偏好取食含富蛋白質及油脂之食物為主，一般取食植物果實、節肢動物、動物屍體等。

■工蟻頭部具線狀及不規則皺狀刻紋。前伸腹節具有一對棘刺，短小而不甚明顯。

■兵蟻，頭部表面具刻紋，錘腹具不規則黑斑。

昆蟲綱

膜翅目

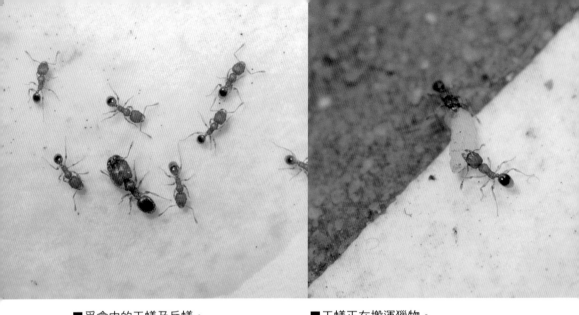

■覓食中的工蟻及兵蟻。　　　　　　■工蟻正在搬運獵物。

■受水果吸引而聚集的工蟻群。

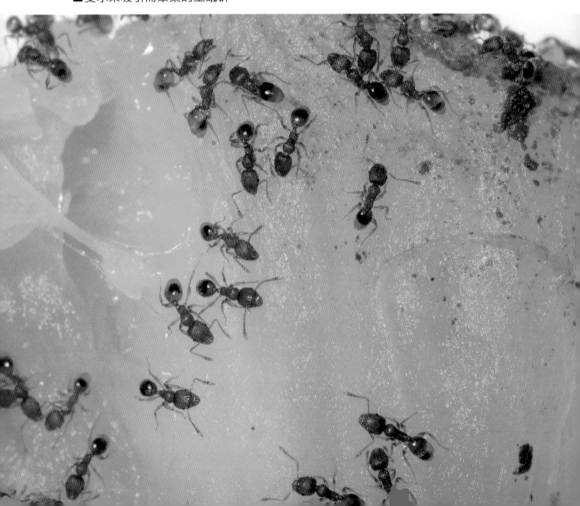

■長腳捷蟻工蟻，體纖細，外觀黃橙色。

# 長腳捷蟻

**學名**／ *Anoplolepis gracilipes* (Smith, 1857)

**別名**／長腳捷山蟻、細足捷蟻、黃狂蟻

**分類**／昆蟲綱 Insecta，膜翅目 Hymenoptera，蟻科 Formicidae

　　工蟻體長 4 ~5.6 公釐，體纖細，外觀黃橙色，觸角與各足相當細長。錘腹的色澤通常較頭、胸部略深，呈褐色。觸角共 11 節，第一節特長，長度超過頭部長之兩倍。複眼黑色，橢圓形，明顯凸出。胸部與腹部間僅有一節腰節，側面觀呈隆起狀。

　　長腳捷蟻分布台灣平地至中海拔山區，可見於森林邊緣、農田、草地，多棲息在潮濕環境，常築巢於落葉堆、土壤、岩縫、植物根部或莖幹縫隙。一般不在建築物內築巢，但因築巢環境往往與人類建築物相鄰，時常因覓

昆蟲綱

膜翅目

食而進入低樓層的住家中。一個巢中會有數十隻具生殖力的蟻后存在，巢內工蟻可達數百、數千隻。爬行快速，雜食性，偏好富含蛋白質之食物，取食植物果實、節肢動物、動物屍體，以及介殼蟲與蚜蟲之蜜露等。長腳捷蟻平時不太會主動叮咬人畜，然而工蟻有噴灑蟻酸之習性，所分泌之蟻酸對人體皮膚有刺激性。原產地可能為亞洲南部及非洲，因擴散能力強，現已擴散至熱帶與亞熱帶地區，目前可見於亞洲、非洲、南美洲、大洋洲，是世界上知名的入侵物種。近年曾有自菲律賓、印尼、緬甸、香港等地進口之植物產品，在台灣檢出夾帶長腳捷蟻之案例。

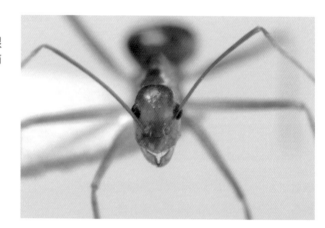

■頭部特寫，複眼黑色，觸角第一節特長。

■長腳捷蟻的體型較大，易與其他居家常見的小型螞蟻區別。

■觸角與各足細長，腰節側看有一隆起。

■在樹木表面活動的工蟻群。

■狂蟻工蟻，體纖細與各足細長，為其主要特色。

# 狂蟻

**學名**／*Paratrechina longicornis* (Latreille, 1802)
**別名**／長角黃山蟻、小黑蟻
**分類**／昆蟲綱 Insecta，膜翅目 Hymenoptera，蟻科 Formicidae

　　工蟻體長 2.6~3.5 公釐，外觀黑褐至黑色，觸角與各足細長。體表光滑，散布淺色剛毛，錘腹表面可見不明顯灰白橫帶。觸角與各足色澤通常較淺，呈褐至黑褐色。觸角共 12 節，第一節特長。複眼黑色，橢圓形，明顯凸出。

　　狂蟻分布台灣平地至中海拔山區，多在地面土壤或建築物牆面、走廊活動，是建築物周邊相當常見的螞蟻。一般喜築巢於土壤及倒木中，築巢環境常與人類建築物相鄰，故時常因覓食而進入住家中，偶爾也會在低樓

層樓房縫隙中築巢。一個巢中會有數十隻具生殖力的蟻后存在，巢內工蟻可達數百、數千隻。爬行快速，雜食性，偏好取食富含蛋白質及醣類之物質，常取食植物果實、節肢動物等。一般不太會有主動叮咬人畜的情形。原產地可能為非洲及亞洲，現已廣泛分布世界各地熱帶及亞熱帶地區。

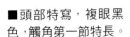

■外觀黑褐至黑色，觸角與各足細長。

■頭部特寫，複眼黑色，觸角第一節特長。

昆蟲綱

膜翅目

■在建築物外牆覓食的工蟻。

■狂蟻的體表光滑，在光線下常能略見藍色光澤。

■疣胸琉璃蟻工蟻，體表黑褐至黑色，布滿絲狀剛毛。

# # 疣胸琉璃蟻

**學名**／ *Dolichoderus thoracicus* (Smith, 1860)

**別名**／雙疣琉璃蟻

**分類**／昆蟲綱 Insecta，膜翅目 Hymenoptera，蟻科 Formicidae

　　工蟻體長 3~4.5 公釐，外觀黑褐至黑色。體表光滑，布滿絲狀淺色剛毛。觸角與各足色澤較淺，呈黃褐色。頭部近似「心形」，觸角共 12 節，第一節特長。複眼黑色，橢圓形，凸出。胸部與腹部間僅有一節腰節，側面觀明顯高隆。通常在錘腹表面可見 2 條光滑略凹陷的橫帶。

　　疣胸琉璃蟻主要分布在台灣的中、南及東部的平地至中海拔山區，棲息在森林、竹林等環境。常築巢於竹筒、植物表面或縫隙，平時多在植物表面活動，較少在地面爬行。築巢環境時常與人類建築物相鄰，也會直接

昆蟲綱

膜翅目

在建築物縫隙中築巢。原本其族群多見於山野間，然而近幾年來逐漸往靠近山區的鄉鎮住宅擴散，在中部地區住宅尤其常見。一個巢中會有數十隻具生殖力的蟻后存在，巢內工蟻可達數千隻。常會藉著植物枝條、人工管線等途徑覓食及擴張領域。爬行快速，雜食及腐食性，偏好富含醣類之食物，也會取食介殼蟲與蚜蟲之蜜露。主要分布東南亞地區，台灣、中國、馬來西亞、印度、緬甸、越南、寮國、菲律賓、印尼、新加坡均有紀錄。

■側看可見腰節明顯高隆。

■疣胸琉璃蟻為樹棲性，戶外通常可見其於植物表面活動，很少會在地面爬行。

■觸角與各足黃褐色。

■蜚蠊瘦蜂，雄蟲。體表黑色，各足脛節末端具棘刺狀凸起。錘腹因側扁而常擺動，有如旗子，因此本科昆蟲又有「旗腹蜂」之稱。

# 蜚蠊瘦蜂

**學名**／ *Evania appendigaster* (Linnaeus, 1758)
**別名**／蠊卵旗腹蜂、廣旗腹蜂
**分類**／昆蟲綱 Insecta，膜翅目 Hymenoptera，瘦蜂科 Evaniidae

　　成蟲體長約 6.5~9 公釐，體表黑色密布細小剛毛，並有不規則點刻散布，觸角及後足明顯細長。複眼寶藍色，在光線下呈現藍綠色金屬光澤。觸角共 13 節，長度與體長相當。胸部比例明顯寬大，具兩對透明的翅，翅表面散布細小剛毛，翅脈黑褐色。腹部第二節特化為纖細柄狀之腰節，腰節再與後方膨大似紡錘狀之錘腹相接。

　　蜚蠊瘦蜂可見於台灣平地、低海拔山區，中海拔山區少見。為卵寄生蜂，寄生對象為蟑螂之卵鞘，故時常可見其在人類居住環境的窗台邊、廚

昆蟲綱

膜翅目

房、地板上活動，活動時常可見其快速擺動著觸角及錘腹，搜索蟑螂卵鞘。已知在台灣其寄主包括美洲家蠊、澳洲家蠊、棕色家蠊、家屋斑蠊等蜚蠊科之種類。雌蟲會以後足及身體固定蟑螂卵鞘，再以產卵管穿刺，將卵產於蟑螂卵鞘中，一般於每顆蟑螂卵鞘只產下一顆卵。幼蟲孵化後以內部的蟑螂卵粒為食，幼蟲及蛹期皆於蟑螂卵鞘中完成，成蟲羽化後將鑽破蟑螂卵鞘離去。成蟲行自由生活，訪花並以花蜜為食，無螫人之紀錄。廣泛分布全世界溫帶、亞熱帶及熱帶地區。

■翅透明，觸角及後足細長，雌雄外觀相似。

■複眼寶藍色，光線照射時可見藍綠色金屬光澤。

■翅透明，表面具許多細小剛毛，翅脈黑褐色。

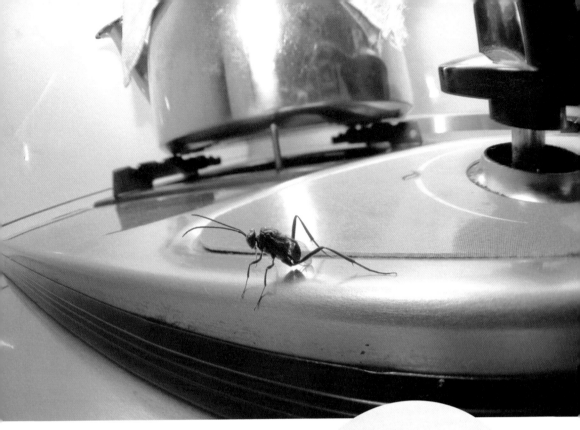

■成蟲活潑，活動時常可見錘
腹擺動。此為在居家廚房活動
的個體。

■蜚蠊瘦蜂，雌蟲。雌蟲的錘腹
一般比雄蟲略為寬扁，側看形狀
較偏向三角形。

■成蟲似乎偏好在高處活動，
此為停棲在室內牆面的個體。

昆蟲綱

膜翅目

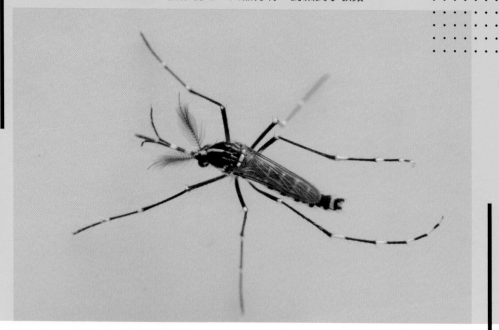

■白線斑蚊，雄蟲，觸角表面具濃密剛毛，外觀似羽毛，口器旁有一對細長小顎鬚。

# 白線斑蚊

**學名**／ *Aedes albopictus* (Skuse, 1895)
**別名**／亞洲虎蚊、白紋伊蚊
**分類**／昆蟲綱 Insecta，雙翅目 Diptera，蚊科 Culicidae

　　成蟲體長 3.5~4.8 公釐，體色黑褐色，頭部及胸部背側正中央具一道明顯的白色縱向線紋。雄蟲觸角表面具長而濃密之剛毛，雌蟲觸角表面則為短而稀疏之剛毛。口器細長針狀，口器兩旁有一對小顎鬚，雌蟲小顎鬚長度約為口器長度的 1/5，而雄蟲小顎鬚則略長於口器。具一對透明的翅，翅表面具黑褐色翅脈及微小鱗片。各足黑白相間，表面具小棘刺。腹部腹面可見各節具鱗片組成的白色橫帶紋，腹部背面亦可見白色橫帶紋，但平時為翅所遮蔽。

白線斑蚊在台灣可見於平地至中海拔山區，是各地居家周邊最常見的蚊子之一。成蟲偏好棲息於戶外植物叢或陰暗處，多在白晝活動，偶爾飛入室內覓食，且較能適應低溫環境。雌蟲產卵於室內外之花瓶、水缸、瓶罐、花盆底盤、廢輪胎等人工積水容器，以及岩洞、樹洞、竹筒等天然積水坑洞，幼蟲便於積水中發育。幼蟲平時以水中的微生物、藻類及其他微小有機物為食。雄蟲及初羽化的雌蟲以露水、花蜜、植物汁液為食，但交配過的雌蟲為供應卵巢所需之蛋白質，有吸食哺乳動物血液之習性，並為媒介登革熱的病媒。雌蟲除了吸食人血外，其他哺乳類動物如狗、貓、牛等的血液也都能吸食。一般來說，日落前及日出前後為其覓食高峰期。成蟲羽化後可存活約15~34天。原產於亞洲熱帶及溫帶地區，因長年藉著積水容器之運輸而向各地擴散，現已廣泛分布世界各地。

■白線斑蚊，雌蟲，觸角上剛毛短而稀疏，小顎鬚明顯較口器短。

■雄蟲，胸部中央的白色縱向線紋為白線斑蚊之主要特徵。

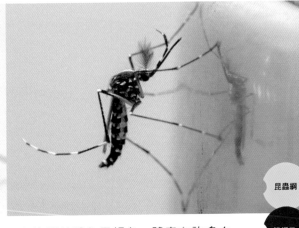

■白線斑蚊體色黑褐色，體表有許多白斑。此為雄蟲。

昆蟲綱

雙翅目

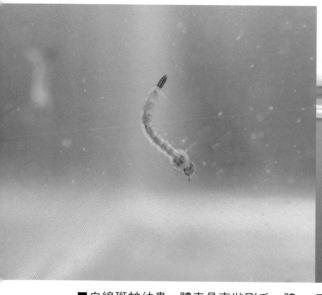

■白線斑蚊幼蟲，體表具束狀剛毛，體
末端有一短小的呼吸管構造。

■白線斑蚊蛹，外觀粗短，形狀如「逗
點」，能活動及躲避危險。

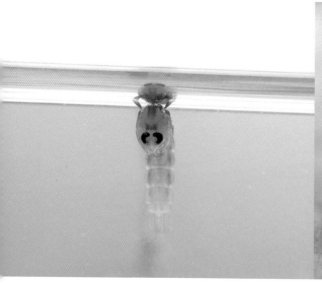

■白線斑蚊蛹，胸部可見一對短小的喇
叭狀呼吸管。

■鑽入水底雜質覓食的幼蟲。

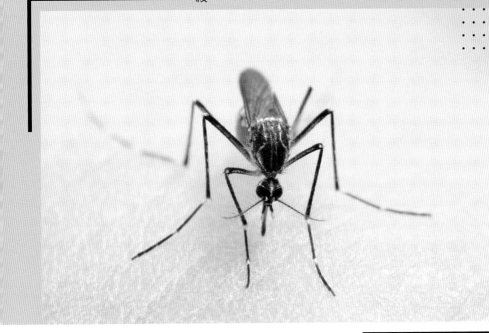

■埃及斑蚊，吸血中的雌蟲。胸部背側可見一對彎曲的白色粗條紋，其內又有 2 條較細的縱紋。

# 埃及斑蚊

**學名**／*Aedes aegypti* (Linnaeus, 1762)
**別名**／埃及伊蚊
**分類**／昆蟲綱 Insecta，雙翅目 Diptera，蚊科 Culicidae

　　成蟲體長 3.5~4.8 公釐，體色黑褐色，胸部背側有一對彎曲的白色粗條紋，其內又有 2 條縱向的淡黃至白色細直條紋。雄蟲觸角表面具長而濃密之剛毛，雌蟲觸角表面則為短而稀疏之剛毛。口器細長針狀，口器兩旁有一對小顎鬚，雌蟲小顎鬚長度約為口器長度的 1/5，而雄蟲小顎鬚則幾乎與口器等長。具一對透明的翅，翅表面具黑褐色翅脈及微小鱗片。各足黑白相間，表面具小棘刺。腹部腹面可見各節具鱗片組成的白色橫帶紋，腹部背面亦可見白色橫帶紋，但平時為翅所遮蔽。

昆蟲綱

雙翅目

埃及斑蚊在台灣主要分布於南部平地至中海拔地區，分布範圍包括台南市、高雄市、屏東縣、台東市、澎湖縣等地。成蟲白晝活動，雌蟲偏好產卵於室內外之各式人工積水容器，偶爾產卵在岩洞、樹洞、竹筒等天然積水坑洞。幼蟲以水中的微生物、藻類及其他微小有機物為食。雄蟲及初羽化的雌蟲以露水、花蜜、植物汁液為食，交配過的雌蟲會吸食哺乳動物血液以供應卵巢所需之蛋白質，並為媒介登革熱的病媒，通常下午 4~5 時為覓食高峰期，其次是上午 9~10 時。與同屬的白線斑蚊相比，埃及斑蚊較偏好棲息在室內陰暗處，且雌蟲幾乎只吸食人血，較少吸食其他脊椎動物之血液。此外，埃及斑蚊警覺性強，在吸血時較易受驚擾而飛離；白線斑蚊則警覺性相對低，吸血時較不易因遭受驚擾而中斷。由於埃及斑蚊傾向在建築物內活動，且因吸血時易受驚動而會反覆叮咬不同對象，對登革熱的傳播較白線斑蚊嚴重。成蟲羽化後可存活約 18~30 天。廣泛分布熱帶及亞熱帶地區。

■雌蟲，體色黑褐色，胸部之白色條紋可與外表相似的白線斑蚊區別。

■雌蟲，觸角上剛毛短而稀疏，
口器旁有一對較短的小顎鬚。

■雄蟲，觸角表面具濃密剛毛，
口器旁有一對細長的小顎鬚。

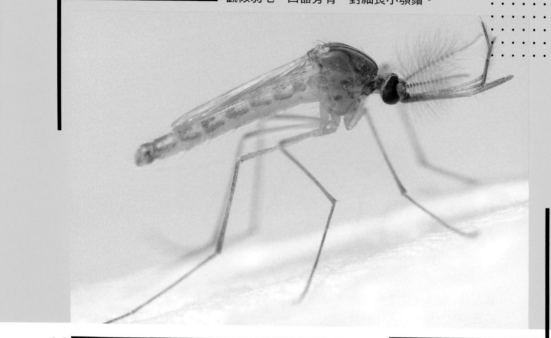

■熱帶家蚊，雄蟲，觸角表面具濃密剛毛，外觀似羽毛，口器旁有一對細長小顎鬚。

# 熱帶家蚊

**學名**／ *Culex quinquefasciatus* Say, 1823
**別名**／致倦庫蚊
**分類**／昆蟲綱 Insecta，雙翅目 Diptera，蚊科 Culicidae

　　成蟲體長 3.7~5.4 公釐，體色淺褐至褐色。雄蟲觸角表面具長而濃密之剛毛，雌蟲觸角表面則為短而稀疏之剛毛。口器細長針狀，口器兩旁有一對小顎鬚，雌蟲小顎鬚長度約為口器長度的 1/6，雄蟲小顎鬚則略長於口器。具一對透明的翅，翅表面具黑褐色翅脈及微小鱗片。各足表面具小棘刺，無明顯斑紋。腹部背面各節前端具有白色圓弧狀帶紋，尤其第四及第五節最為明顯，但平時帶紋均為翅所遮蔽。

　　熱帶家蚊在台灣多見於平地都市環境，是各地居家周邊最常見的蚊子

之一。成蟲白天棲息於陰暗角落，一般黃昏至夜間時活動與覓食，且時常經由門縫、排水及通風管道進入居家室內，通常午夜前達覓食高峰。雌蟲產卵於水溝、下水道、化糞池、地下室積水等富含有機質的汙濁水域。幼蟲以水中的微生物、藻類及其他微小有機物為食。雄蟲及初羽化的雌蟲以露水、花蜜、植物汁液為食，交配過的雌蟲須吸食血液以供應卵巢發育之所需。雌蟲能吸食多種動物宿主血液，包括人、狗、貓、牛、豬等哺乳類，以及鳥類之血液，並為媒介血絲蟲病，以及犬心絲蟲病的病媒。廣泛分布熱帶及亞熱帶地區。

　　本種與地下家蚊外觀極相似而區分困難，但通常可藉腹部背面第 2~7 節由白色鱗片在每節前方所形成的帶紋形狀來區別兩者。熱帶家蚊的白色帶紋後方邊緣多呈圓弧狀，且左右兩端有明顯凹陷；地下家蚊的白色帶紋後方邊緣則近乎平齊，左右兩端凹陷不明顯。在行為方面，熱帶家蚊成蟲在台灣除冬季較少見外，其他季節皆常見，又以夏季特別活躍；地下家蚊全年皆可發現其蹤影，但因具有較高的耐寒性，因此在冬季相當活躍，其他季節多集中在陰涼的下水道、地下汙水槽環境生活。

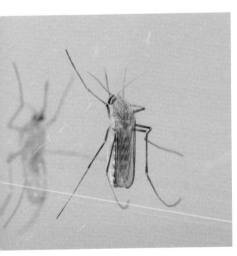

■熱帶家蚊，雌蟲，觸角上剛毛短而稀疏。

■熱帶家蚊，雌蟲。體表淺褐至褐色，各足無明顯斑紋，外觀與地下家蚊極相似。

■熱帶家蚊的卵，卵粒黑褐色橢圓形，一般聚集成團塊狀。

■熱帶家蚊幼蟲，胸部寬而體表剛毛成束，體末端有一細長的呼吸管構造。

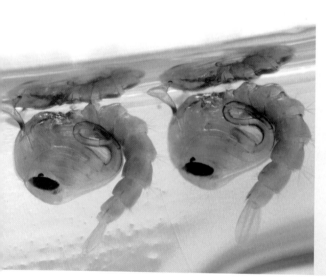

■熱帶家蚊蛹，外觀粗短，形狀如「逗點」，能活動及躲避危險。

■熱帶家蚊腹部背側可見白色鱗片構成的帶紋，帶紋後方邊緣呈圓弧，左右兩端近邊緣處明顯內凹。

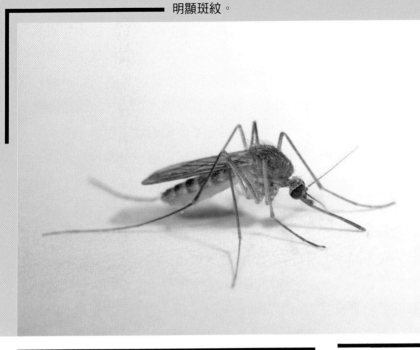

# # 地下家蚊

**學名**／ *Culex pipiens molestus* Forskal, 1775

**別名**／騷擾庫蚊

**分類**／昆蟲綱 Insecta，雙翅目 Diptera，蚊科 Culicidae

成蟲體長 3.7~5.6 公釐，體色淺褐至褐色。雄蟲觸角表面具長而濃密之剛毛，雌蟲觸角表面則為短而稀疏之剛毛。口器細長針狀，口器兩旁有一對小顎鬚，雌蟲小顎鬚長度約為口器長度的 1/6，雄蟲小顎鬚則略長於口器。具一對透明的翅，翅表面具黑褐色翅脈及微小鱗片。各足表面具小棘刺，無明顯斑紋。腹部背面各節前端具白色橫向帶紋，但平時為翅所遮蔽。

地下家蚊在台灣主要生活在下水道、化糞池、地下室汙水槽等陰暗封

昆蟲綱

雙翅目

閉之地下環境。成蟲白天和夜晚都會覓食，能經由出水口、排水管道進入居家室內。能耐低溫，因此為秋冬季節在居家環境的主要蚊種；但無法耐受高溫，成蟲在 32℃ 以上死亡率高。雌蟲偏好吸食哺乳動物的血液，但本種第一次產卵時不須吸血即能產下卵，欲進行第二次及後續的產卵時，才須吸食血液以供應卵巢發育。幼蟲生活在不流動的地下積水、汙水中，以水中的微生物及有機物為食。原產於溫帶，現已廣泛分布世界各地，台灣的族群為外來種，過去在 1996 年即已被發現入侵台灣，可能是由日本移入。

　　地下家蚊與熱帶家蚊在形態上區分不易，但通常可藉腹部背面第 2~7 節由白色鱗片在每節前方所形成的帶紋形狀來區別兩者。地下家蚊的白色帶紋後方邊緣近乎平齊，左右兩端凹陷不明顯；熱帶家蚊的白色帶紋後方邊緣則多呈圓弧狀，且左右兩端有明顯凹陷。此外地下家蚊全年活動，但因耐寒性較高，在冬季也相當活躍，熱帶家蚊則是夏季較活躍。

■地下家蚊，雄蟲。體表淺褐至褐色，與熱帶家蚊常不易區分。

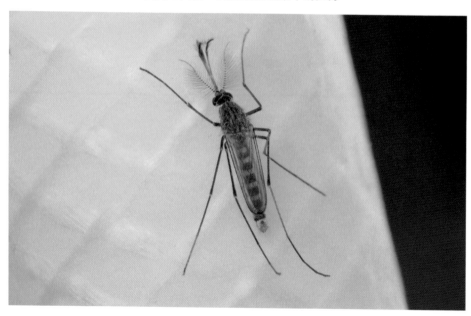

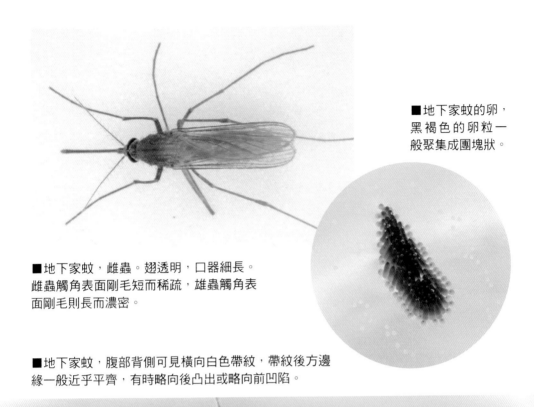

■地下家蚊，雌蟲。翅透明，口器細長。
雌蟲觸角表面剛毛短而稀疏，雄蟲觸角表
面剛毛則長而濃密。

■地下家蚊的卵，
黑褐色的卵粒一
般聚集成團塊狀。

■地下家蚊，腹部背側可見橫向白色帶紋，帶紋後方邊
緣一般近乎平齊，有時略向後凸出或略向前凹陷。

昆蟲綱

雙翅目

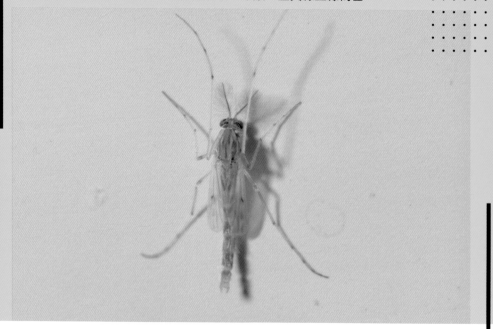

■鹽埕搖蚊，雄蟲，呈黃綠至綠褐色。

# 鹽埕搖蚊

**學名**／ *Chironomus circumdatus* (Kieffer, 1916)
**分類**／昆蟲綱 Insecta，雙翅目 Diptera，搖蚊科 Chironomidae

　　成蟲體長 4~4.7 公釐，體色黃綠至綠褐色，外表纖細。複眼發達呈腎形，胸部背側通常可見 2 條米白或淺綠色縱向線紋，線紋後半部明顯增粗。雄蟲觸角長，12 節，表面具長而濃密之剛毛；雌蟲觸角較短，6 節，表面剛毛短而稀疏。口器退化而不明顯，口器周圍有一對明顯的小顎鬚。翅半透明，翅表面不具鱗片，長度未達腹末端。各足米白至黃綠色，各節端部具黑褐色斑塊，前足之長度長於中足及後足。腹部細長，呈長筒狀。

　　鹽埕搖蚊幼蟲生活在水域底部，以水中的有機物顆粒為食，尤其常見

於不流動、富含沉積物的水域中，居家室內外花器等盛裝淺水的久置容器內便常有機會發現其幼蟲。成蟲則僅取食花蜜等液態食物，多出現在住家陽台潮濕處，並時常飛入室內停棲。分布亞洲與大洋洲，亞洲可見於台灣、馬來西亞、印度、泰國等國。

鹽埕搖蚊為台灣居家環境常見種類，但過往相關研究甚少，可能尚有其他同屬物種會與本種混棲。已知同屬種類在台灣已有紀錄者有 13 種，在台灣平地至低海拔環境常見，彼此區分困難，須透過雄蟲生殖器顯微構造方能作精確鑑定。

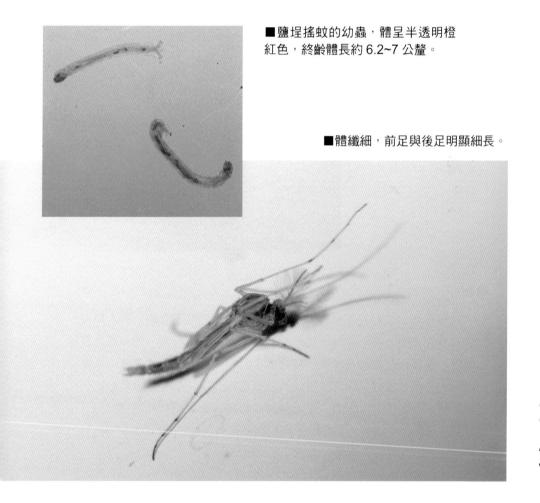

■鹽埕搖蚊的幼蟲，體呈半透明橙紅色，終齡體長約 6.2~7 公釐。

■體纖細，前足與後足明顯細長。

昆蟲綱

雙翅目

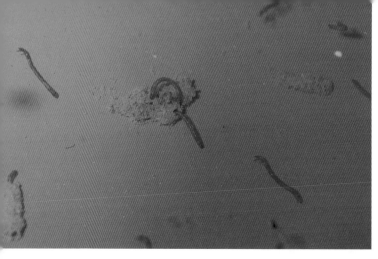

■幼蟲生活在積水容器底部，具有以分泌物連綴排泄物及水中雜質造蟲巢的行為。

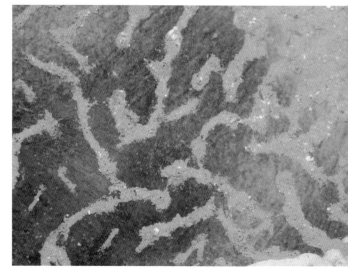

■鹽埕搖蚊幼蟲所造的蟲巢，幼蟲並會在巢內化蛹。

## 搖蚊──外表似蚊但非蚊

　　搖蚊科的昆蟲外觀雖與蚊科昆蟲相似，但牠們並不吸血，對人無害，且往往具趨光性。許多種類的搖蚊雄蟲有聚飛求偶的行為，於清晨、黃昏時段時，習慣集體在略有高度的物體或人的頭頂上方盤旋，這樣的集團有「蚊柱」之稱。搖蚊科中許多種類的幼蟲體內具血紅素，外觀呈橙紅色，因此俗稱「紅蟲」或「赤蟲」，常用於水族觀賞魚類餌料用途。另外，水棲性的環節動物「顫蚓」（絲蚯蚓）也常被稱作「紅蟲」並用作魚類餌料，有時這兩者的俗名可能會讓人混淆。

■白斑蛾蚋，外觀灰至黑褐色，停棲時翅平展，翅背面可見 2 枚黑色斑塊。

# 白斑蛾蚋

**學名**／ *Clogmia albipunctatus* (Williston,1893)
**別名**／白斑大蛾蚋、白斑大蛾蠅、白斑蛾蠓、毛蠓
**分類**／昆蟲綱 Insecta，雙翅目 Diptera，蛾蚋科 Psychodidae

　　成蟲體長 2.6 ~3.4 公釐，外觀灰至黑褐色，體表、翅脈及足布滿長剛毛，停棲時翅平展於兩側。複眼大而明顯，黑色。觸角 16 節，灰或褐色，各節具明顯毛叢。胸部黑褐色，背面明顯隆起。翅灰至黑褐色，略透明，翅背面約在距基部 2/5 處可見 2 個毛叢組成的黑色斑塊，斑塊前端雜有白色毛；另在翅邊緣具 8 個由毛叢組成的白色斑塊；此外，約在翅中央處尚可見呈「 V 形」的不明顯白色帶紋。足黑色，具細且窄的白色環紋。與同科其他種類相比，本種體型較大且體色較深，翅末端之角度大於 90 度。

昆蟲綱

雙翅目

白斑蛾蚋通常出沒在人為環境，是人類居所內外相當普遍易見的昆蟲。幼蟲生活在富含有機質的汙濁淺水域環境，如水溝、排水管、糞坑、廚房水槽、浴缸夾縫、廁所內時常積水藏汙納垢的角落等，並以淺水中的腐敗物、沉積有機物為食。成蟲僅攝食水分，一般在幼蟲發育處周邊的潮濕環境活動，常經由排水管道飛進室內，因此在住家中特別常見於浴室、

■胸部隆起，體表布滿長剛毛，腹部短而近似圓桶形。

■複眼大且明顯，體表剛毛易隨著活動而脫落，此個體因胸部部分剛毛脫落而露出光滑的體壁。

■幼蟲外觀灰至黑褐色，長約 4~6 公釐，普遍生活在汙濁的淺積水中。

■蛹，長約 2.8~3 公釐，外觀灰至黑褐色。

■白斑蛾蚋是廁所中極具代表性的昆蟲。大部分時間為停棲狀態，偶爾也會在物體表面徘徊爬行。

廁所及其附近區域。成蟲大部分時間停棲於牆面，受驚擾時會飛行一小段距離後再停下。大量發生時雖會造成觀感方面的困擾，但一般幾乎不影響人類生活，散布病菌的機率也不高。台灣、日本及馬來西亞等地曾有極少數白斑蛾蚋產卵於人體潰瘍傷口，導致幼蟲寄生於人體皮膚（蠅蛆病）的案例，但通常僅發生在傷口照護不當及衛生條件不佳的情況。人類也可能因食用遭汙染的食物，導致卵進入人體內而造成腸胃道疾病。廣泛分布全世界熱帶至溫帶地區，尤其在熱帶地區特別常見。

昆蟲綱

雙翅目

■ 星斑蛾蚋，外觀灰至黑褐色，翅外緣具黑褐色斑，常棲息在潮濕陰暗處。

# 星斑蛾蚋

**學名**／ *Psychoda alternata* Say, 1824
**別名**／星斑蛾蠅、星斑蛾蠓
**分類**／昆蟲綱 Insecta，雙翅目 Diptera，蛾蚋科 Psychodidae

　　成蟲體長 1.5~2.8 公釐，外觀灰至黑褐色，體表、翅脈及足布滿長剛毛，停棲時翅呈屋脊狀。複眼黑色，各足灰至灰褐色。觸角共 15 節，灰至灰褐色，各節具明顯毛叢。胸部灰褐色，背面明顯隆起。翅灰至灰褐色，略透明，翅脈末端具毛叢組成的黑褐色斑塊，斑塊周圍雜有白色毛。本種體型較白斑蛾蚋小，翅末端角度小於 90 度。

　　星斑蛾蚋在人類居所內外相當常見，成蟲僅取食汙水或水分，飛行距離短，常停棲或徘徊於潮濕、陰暗處，如居家浴廁牆面、地面、排水孔周

圍，也會棲息在戶外陰暗的植物叢間。幼蟲生活在浴廁、廚房、排水溝等場所中富含有機物的黏稠積水周圍，以腐敗物、沉積有機物為食，惟幼蟲體型微小而難以被察覺。據文獻記載，幼蟲除了會取食有機物外，也具有捕食小型蝸牛的能力。成蟲夜間具趨光性，故若在廁所內放置水盆，並於水盆上方點燈，可藉此誘殺成蟲。廣泛分布世界各地；與同科的白斑蛾蚋相比，由於星斑蛾蚋更能適應低溫環境，因此在溫帶也很普遍。

■翅表面剛毛相當明顯，腹部短而近似圓桶型形。

■停棲時翅呈屋脊狀，體表布滿長剛毛。

昆蟲綱

雙翅目

■在較不通風的住家浴室中，星斑蛾蚋有時會在排水孔周圍大量聚集。

■停棲在浴室排水孔周圍的個體，大部分個體之體長約 2 公釐左右，數量少時往往並不引人注目。

■疽症異蚤蠅，體表黃褐至深褐色。複眼黑色，
與果蠅不同。

# # 疽症異蚤蠅

**學名**／ *Megaselia scalaris* (Loew, 1866)
**別名**／金色蚤蠅
**分類**／昆蟲綱 Insecta，雙翅目 Diptera，蚤蠅科 Phoridae

　　成蟲體長 1.5~3.3 公釐，外觀黃褐至深褐色，體表具長、短剛毛。複眼黑色，觸角短小呈黃褐色。觸角 3 節，末節膨大呈球狀，其上具一根細長剛毛。胸部背面明顯隆起，表面密布細小剛毛，雌雄均具 1 對透明的翅，翅前緣之翅脈硬質化。足長，後足腿節扁而寬，端部具黑色斑塊，後足脛節具一排刺。腹部背面具褐至黑褐色橫向條紋，條紋變異大，中央常呈凹陷形成近似「V 形」紋，條紋並常向腹部側方延伸。雌蟲體型通常大於雄蟲，且腹部第 6 節背板較雄蟲短且寬。

昆蟲綱

雙翅目

疽症異蚤蠅棲息環境相當廣泛，從都會區至森林均可發現其存在，在居家環境也極為普遍。體型小、行動敏捷，很容易經由紗窗、門窗等住家縫隙進入室內。成蟲易受腐肉、動物性廚餘之氣味所吸引，也常會在餐桌邊徘徊、爬行，伺機舔食肉類滲出液及產卵於其周圍。雌蟲嗅覺靈敏，可快速偵測剛死亡的動物而前往產卵。久置的廚餘或垃圾桶周邊、動物屍體表面也很容易發現其幼蟲及蛹。幼蟲相當容易鑽入各類看似密閉的器具中，如塑膠袋或盒子等。在少數衛生條件不佳之情況下，雌蟲可能產卵於久臥床病患之人體潰瘍傷口，導致蠅蛆病，並且也可能在蛇、牛等動物的身體傷口上產卵。當人為飼養的昆蟲密度過高時，也可能吸引本種前往取食或寄生。喜較溫暖的氣候環境，經常透過人為運輸而散布世界各國，現廣泛分布於世界各地。

　　蚤蠅與果蠅體型相仿，除外觀差異外，通常蚤蠅的行動也較果蠅敏捷、活潑。本種為都市中常見種類，但同屬的蚤蠅在台灣有紀錄者計有40餘種，同屬間須藉由體表剛毛等細微構造方能區分。

■腹部背側可見褐至黑褐色橫向條紋，條紋變異大。

■疽症異蚤蠅的蛹，長約 2~2.4 公釐。

■垃圾桶及廚餘若沒有時常清理，周圍常能蒐集到大量的蛹。

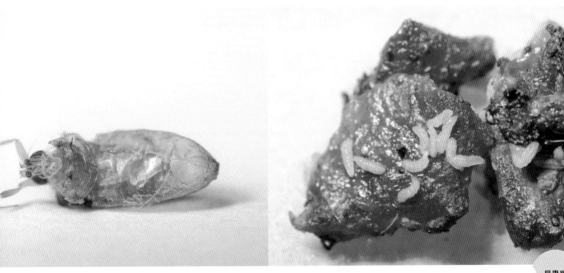

■羽化中的個體。

■腐敗魚肉上孳生的蚤蠅科幼蟲。

■黃果蠅，外觀橙至黃褐色，複眼呈鮮紅色。

# # 黃果蠅

**學名**／ *Drosophila melanogaster* Meigen, 1830
**別名**／黑腹果蠅、黃猩猩果蠅
**分類**／昆蟲綱 Insecta，雙翅目 Diptera，果蠅科 Drosophilidae

　　成蟲體長 1.6~3 公釐，外觀橙至黃褐色，體表具長、短剛毛。複眼鮮紅色，大且明顯。觸角短小呈黃褐色，有一根特化的羽狀剛毛。胸部隆起，表面無明顯斑紋，翅透明。雄蟲前足第一跗節具 1 個黑色之鬃毛狀性梳，約由 12 根毛所組成。雄蟲腹部背板第 2~4 節後緣具窄黑褐色條紋，第 5~6 節背板呈黑褐色；雌蟲腹部背板則 2~6 節均為窄黑褐色條紋。本種為居家環境的優勢種，但同屬種類在台灣有紀錄者約 20 餘種，彼此不易區分。

　　黃果蠅在居家環境極為普遍，因體型小，很容易經由紗窗、門窗等住

■黃果蠅的蛹，外觀黃橙色，長約　　■腐敗木瓜上的黃果蠅幼蟲。
2.6~3 公釐。

家縫隙進入室內。成蟲易受成熟及腐敗之蔬果吸引，常可見於新鮮水果、發酵的飲料、餐桌、廚餘桶、垃圾桶棄置之腐爛蔬果及果皮周圍圍繞，舔食滲出液及產卵，也常會飛入浴室等潮濕環境攝取水分。有時也能在野外的動物屍體上發現其幼蟲。本種起源於中非，現廣泛分布世界各地。

■黃果蠅常受室內擺放的水果氣味所吸引，此為停在香蕉表面的個體。

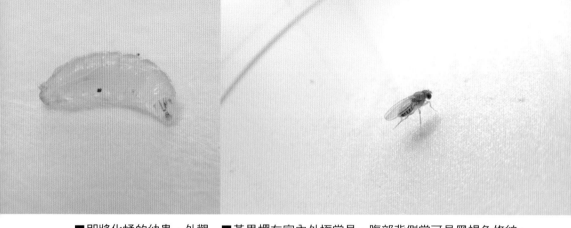

■即將化蛹的幼蟲，外觀　■黃果蠅在室內外極常見，腹部背側常可見黑褐色條紋。
乳白至淡黃色。

### 果蠅──科學界的大功臣

　　一般俗稱的果蠅指的是昆蟲綱果蠅科果蠅屬（*Drosophila*）的物種，該
屬全世界有數千種，因具有發育時間短、繁殖力強、飼養方便、培養成本
低廉等特點，故成為優良的實驗材料。世界性分布的黃果蠅便是最常被使
用的種類，長久以來為遺傳學、生物學、人類疾病研究、藥物研發試驗帶
來許多貢獻。果蠅的中文名稱有時可能會使人與果實蠅科的昆蟲混淆，但
實際上果蠅幾乎不會危害栽培中的蔬果，也不會傳播人畜共通疾病。

■交配中的黃果蠅。

■東方果實蠅，成蟲外觀有些類似蜂類，因此有時會讓人誤認。

# 東方果實蠅

**學名**／ *Bactrocera dorsalis* (Hendel, 1912)

**別名**／蜜柑小實蠅、橘小實蠅、柑果蠅

**分類**／昆蟲綱 Insecta，雙翅目 Diptera，果實蠅科 Tephritidae

　　成蟲體長 5.5~8 公釐，體色主要為黑褐色調。複眼大且明顯，紅褐色，具藍綠色金屬光澤。頭部複眼間區域為黃橙色，可見長於黑斑上的數對剛毛，觸角下方兩側各具一個近似圓形或橢圓形的黑色大斑塊（顏面斑）。觸角 3 節，第 1~2 節黃褐色，第 3 節為深褐色且具有一枚細長的剛毛。胸部黑褐色，具大小不一的黃色斑紋；中胸背板兩側具黃色條狀紋，中胸後方有一形狀近似倒梯形之黃色小楯片；自胸部背面觀，黃色斑紋整體大致組成類似「U 形」圖案。具一對透明的翅，翅表面可見黃褐色翅脈。腹部

昆蟲綱

雙翅目

■複眼紅褐色，具有藍綠色金屬光澤。
觸角 3 節，觸角上有一根細長的剛毛。

■卵，白色長橢圓形，長約 1.2~1.5 公釐。

■東方果實蠅，
體表黑褐色，胸
部背面斑紋整體
類似 U 形。

■蔬果上的幼蟲，幼
蟲乳白略帶淡黃色，
體呈圓錐形。

■孵化不久的一齡幼蟲。　　　　　　■蛹，淡黃色長橢圓形，長約 4 公釐。

黃褐色，第 1、2 節背面前緣各具 1 條黑色橫帶；腹部中央另有 1 條黑色細窄縱帶，通常自第 3 節起延伸至腹部末端。

　　東方果實蠅在台灣平地至中海拔環境普遍可見，高海拔山區亦有少量族群分布。成蟲嗅覺敏銳、飛行能力佳，日間活動，常以花蜜、露水、植物果實流出之汁液，以及蚜蟲、介殼蟲分泌之蜜露為食，夜間則多棲息於植物枝葉間。為繁衍後代，雌蟲會以腹部之產卵管刺穿果皮，將卵產在果實內，幼蟲孵化後便於其內蛀食；終齡幼蟲在化蛹前會爬出果實，並在地面彈跳尋找適合化蛹地點，後鑽入土壤中化蛹。幼蟲以植物果實為食，取食的植物種類繁多，對大多數經濟果樹之果實皆能造成危害。幼蟲能取食的水果包括柑橘、柚、芒果、番石榴、桃、李、柿、梨、香蕉、葡萄、楊桃、龍眼、枇杷、荔枝、番荔枝等，為重要的水果害蟲。一般剝開、切開水果所發現的蛆狀幼蟲，大多即為東方果實蠅之幼蟲。植物果實若遭其蛀食，常會在短期內出現腐敗現象，甚至在完全成熟前便提早落果。因分布普遍且善於遷徙，成蟲有時也會受廚餘、果皮等吸引而在一般住家周圍活動。原產東南亞，目前主要分布在東南亞及太平洋地區。

昆蟲綱

雙翅目

■普通家蠅是典型的居家蠅類，在都市中很常見，一般在其胸部背面可見 4 條明顯的黑色縱紋。

# 普通家蠅

**學名**／ *Musca domestica* Linnaeus, 1758
**別名**／家蠅
**分類**／昆蟲綱 Insecta，雙翅目 Diptera，家蠅科 Muscidae

　　成蟲體長 6~8 公釐，外觀灰黑色，具明顯長、短剛毛。體表被灰白至淡黃色粉狀分泌物，胸部背面具 4 條明顯的黑色縱向線紋。複眼相當大且發達，呈暗紅色。觸角短小呈黑褐色，位在複眼之間，共 3 節，第 3 節最長且具有一根特化的羽狀剛毛。具一對透明的翅，各足黑色。腹部大部分區域呈淡黃色，背面中央有一道黑褐色縱紋，腹部末端粉狀分泌物較明顯。雌蟲體型通常大於雄蟲，且雌蠅兩複眼間的距離明顯較雄蠅為寬。

　　普通家蠅是分布相當廣泛的居家蠅類，並為家蠅科中最常見的種類，

與人類生活關係密切。成蟲時常出沒於垃圾堆、糞坑、公廁、餐飲店、畜牧場等環境，也常會飛入一般住宅中。雌蟲偏好於腐敗、發酵之潮濕有機物上產卵，如廚餘、糞便、潮濕穀物、腐敗的動植物有機質等，幼蟲即取食此類物質，有時也能在動物腐屍上發現幼蟲。幼蟲至終齡時則鑽入土壤中化蛹。成蟲日間活動，夜間有趨光性，善飛行。成蟲主要攝取液態流質食物，也能吐出消化性液體將部分固態食物溶解後取食，取食的範圍多樣，包括含糖分之液體、糞便及腐敗物的滲出液等。成蟲因常接觸垃圾及各種動物糞便等汙染物，為多種病原微生物的傳染媒介，常汙染人類食物傳播疾病，幼蟲也可能入侵人類傷口引起蠅蛆病。成蟲在羽化後可存活約14~30天。廣泛分布世界各地。

■腹面可見腹部呈淡黃色。

■複眼大而呈暗紅色，腹部兩側明顯呈淡黃色，體表有許多剛毛。

昆蟲綱

雙翅目

■幼蟲乳白色，尤其常見於腐敗物與糞便中。外觀圓錐狀，無足，前端尖而至後端逐漸粗大，腹部末端可見一對明顯的氣孔。

■蛹長橢圓形，紅褐至黑褐色，長約5.6~6公釐。

■普通家蠅的複眼比例大而呈暗紅色，觸角短小，位在一對複眼之間。

■羽化中的個體。成蟲羽化過程中，頭部會鼓起特殊的「額囊」構造，用以擠破蛹殼。

## 蒼蠅──不得人緣的昆蟲

　　一般俗稱的「蒼蠅」，泛指包括家蠅科、肉蠅科、麗蠅科、廁蠅科、花蠅科等多種居家常見的中、大型蠅類，以及野外常見的寄生蠅等。其實光是家蠅科的成員，世界上種類便超過5000種，種類數目相當龐大，不過會在人類生活環境活動者，僅占當中的少數。

■普通家蠅，頭及胸部灰黑色，腹部主要為淡黃色。

昆蟲綱

雙翅目

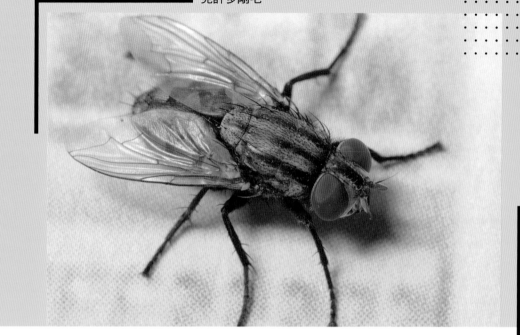

■肉蠅，前胸背板具有 3 條黑色縱紋，體表可
見許多剛毛。

# 肉蠅科

**學名**／Sarcophagidae

**別名**／麻蠅科

**分類**／昆蟲綱 Insecta，雙翅目 Diptera，肉蠅科 Sarcophagidae

　　本科種類大多數為中至大型蠅類，成蟲體長一般約 6 ~15 公釐，但也
有部分較小型種類。外觀主要為灰黑色，體表被灰白至淡黃色粉狀分泌
物，且具明顯長、短剛毛。最明顯的特徵為胸部背面具有 3 條黑色粗縱向
線紋，腹部背面可見類似「棋盤格狀」的斑紋，以及中胸下側板具一列發
達的剛毛。複眼相當大且明顯，呈紅色。觸角呈黑褐色，位在複眼之間，
共 3 節，第 3 節最長且具有一根特化的羽狀剛毛。各足黑色，具一對透明
的翅，翅上有黑褐色翅脈。

本科昆蟲通稱肉蠅，是垃圾場及街道相當常見的蠅類，也時常受廚餘所吸引而在住家附近活動。惟同科種類間彼此外觀相似而難以區分，須比對翅脈、體表剛毛排列以及生殖器等顯微構造方能作精確鑑定。肉蠅之生殖類型一般為卵胎生，卵於雌蟲體內孵化成幼蟲後，才會被產下。幼蟲通常孳生於腐肉、屍體及糞便上，成蟲則多舔食腐肉及糞便之滲出液。也有部分為寄生或捕食性種類，且有少數種類會引起蠅蛆病。本科物種廣泛分布世界各地，全世界已知種類超過 2500 種。

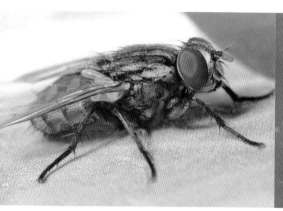

■體表灰黑色，複眼大而呈暗紅色，觸角短小呈黑褐色。

■腹部末端可見斑紋如棋盤格狀。

■體腹面可見肉蠅科的腹部呈灰黑色，與普通家蠅不同。

■腐肉上的肉蠅科幼蟲。

昆蟲綱

雙翅目

■剛羽化而翅尚未伸展完全的個體。

■肉蠅科的蛹，外觀長橢圓形，紅褐至黑褐色。

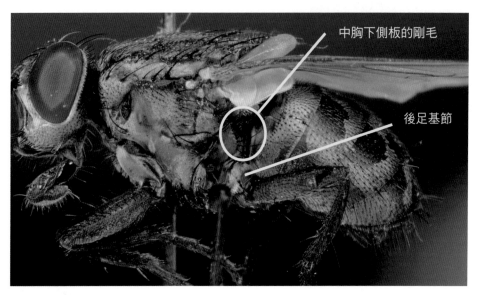

中胸下側板的剛毛

後足基節

■肉蠅的側面，其中胸下側板（位於中足及後足基節之間上方）後方具一列剛毛。

### 什麼是蠅蛆病？

　　「蠅蛆病」，或稱蠅蛆症，是指蠅類幼蟲入侵人體或哺乳動物的傷口、組織所引起的疾病，通常發生在衛生條件不佳的環境。而會造成人類蠅蛆病的雙翅目蠅類中，最常見者為肉蠅科和麗蠅科的種類。

■黑水虻，外觀黑褐色，體表具白至淡黃色短毛，體型明顯較普通家蠅等常見的蠅類大。

# # 黑水虻

**學名**／ *Hermetia illucens* (Linnaeus, 1758)
**別名**／亮斑扁角水虻、鳳凰蟲
**分類**／昆蟲綱 Insecta，雙翅目 Diptera，水虻科 Stratiomyidae

　　成蟲體長 1.1~1.6 公分，外觀黑褐色，體表具白至淡黃色短毛。複眼大，呈黃綠略帶橙色，具金屬光澤，且散布不規則藍紫色特殊斑紋。觸角10 節，長而呈黑褐色，最後一節明顯細長扁平並具凹陷。各足腿節黑褐色；脛節亦為黑褐色，但基部具米白至淺褐色區域，尤以後足的米白至淺褐色區域最為明顯；跗節則主要呈米白色，僅末端呈褐色。具一對翅，黑褐色而略呈透明，停棲時兩翅相疊。腹部大部分區域呈黑褐色，腹部第一節背板具 2 個大且明顯的淡黃至淡藍綠色半透明斑，腹面觀則可見整個第一節

昆蟲綱

雙翅目

腹板為明顯淡黃至藍綠色半透明狀。由於黑水虻的腹部前端較窄，乍看形態與蜂相似，而雌蟲體型通常大於雄蟲。

　　黑水虻分布台灣平地至中海拔山區，成蟲常棲息在森林及人類建築物周圍，有時可見成蟲於住家、菜市場、大賣場等環境活動。成蟲飛行能力較弱，常停棲於濃蔭植物上。成蟲以花蜜、植物的滲出液、露水為食，並產卵於腐敗有機物周圍的物體縫隙，幼蟲主要取食糞便、腐屍、腐果等。廣泛分布全世界熱帶、亞熱帶，以及部分溫帶地區。

　　由於黑水虻幼蟲能分解廚餘及家禽、家畜糞便，幼蟲及蛹富含蛋白質

■黑褐色的觸角扁而長，各足為黑白相間之色澤。

■胸部側面可見後翅所特化而成的乳白色「平均棍」構造，此為雙翅目昆蟲的共同特徵。

■黑水虻的蛹，外觀近似終齡幼蟲，但色澤為深褐色。

■腹部腹面前端可見明顯的淡黃至藍綠色半透明區域。

與脂肪，故時常被用作家禽、家畜之食材原料，或直接作為爬蟲類及魚類等寵物之飼料。且黑水虻體內含有天然抗生物質，一般並不會傳播病菌，並具有高繁殖率、短生活史及易於飼養的優點，世界各地目前已有不少企業進行飼養生產，以及應用於各類商業上用途。因本種之幼蟲曾被發現於人類及動物屍體上，可用於估算死亡時間，也具法醫學及醫學重要性。另外，黑水虻也能用來與家蠅競爭有機腐植質食物，藉此防治與降低家蠅族群。

■黑水虻的複眼具不規則藍紫色斑紋，形態類似軍服的迷彩紋，且每一隻個體的複眼紋路皆不同。

■黑水虻的幼蟲，外觀乳白至褐色，體略寬扁。通常老熟幼蟲體色會愈來愈深。

■腹部背面具 2 枚大且明顯的半透明斑，但停棲時因受翅所遮蔽而不易見。

■黑翅蕈蚋，體色黑褐，因體小而時常讓人忽略。

# 黑翅蕈蚋科

**學名**／ Sciaridae
**別名**／黑翅蕈蠅、眼蕈蚊
**分類**／昆蟲綱 Insecta，雙翅目 Diptera，黑翅蕈蚋科 Sciaridae

　　成蟲體長 1.6～3 公釐，體小而纖細，體色為黑褐色調。複眼黑色，占頭部比例大，由前面觀，可見兩複眼在觸角上方形成一左右相連的窄帶。各足細長，主要呈米白至黑褐色，脛節端部具刺。翅半透明略呈黑褐色，不具任何斑紋，在端半部中央，可明顯看到翅脈的中脈（M 脈）兩分叉，形成近似「Y 字」形。觸角細長，共 16 節，大部分呈黑褐色。胸部褐色，背側光滑而隆起。有些種類在雄蟲腹部末端可見鉗狀的生殖器。

　　黑翅蕈蚋科昆蟲的幼蟲主要生活在潮濕的土壤或植物的生長基質中，

取食腐敗有機質、腐爛的植物組織及真菌，幼蟲有時會隨著新的盆栽、培養基質夾帶至家庭陽台，而導致羽化的成蟲大量出現。也頻繁被發現於溫室、育苗室或栽培菇類的場所。成蟲多棲息在陰暗潮濕的環境，不太擅於飛行，常只能行短距離飛行。具趨光性，室內個體有時會集中在窗旁或門邊，室外個體則可能因受燈光吸引而飛進室內，或隨風被吹入室內。成蟲外觀有些類似蚊子，但通常只攝食水分，不會叮咬人，對人體無害，但可能因數量過多而對生活造成困擾。本科種類廣泛分布世界各地，亞洲於台灣、日本、中國等皆常見。由於黑翅蕈蚋的體型大多微小且外形類似，在種類鑑別上較具困難度。

■頭部背面可見兩複眼在觸角上方變窄並相連。

■黑翅蕈蚋，體色黑褐，有時能在住家牆面上發現。

■黑翅蕈蚋，標本。前翅中脈於近端部呈兩分叉而似「Y字」形，此為本科昆蟲的重要特徵。

中脈形成似「Y字」形

■製成玻片標本的貓蚤。體表可見許多向後的剛毛及刺。

# # 貓蚤

**學名**／ *Ctenocephalides felis felis* (Bouche, 1835)
**別名**／貓櫛首蚤、貓櫛頭蚤
**分類**／昆蟲綱 Insecta，蚤目 Siphonaptera，蚤科 Pulicidae

　　成蟲體長 1~3 公釐，外觀黃褐至暗紅色，體兩側扁平，表皮高度硬化，頭部、胸部與腹部之間分界不明顯。體表有明顯的剛毛及刺，不具翅，後足發達善彈跳。觸角 3 節，短而不明顯，平時藏於頭部側溝中。頭部有一對發達的單眼，近圓形，不具複眼。在頭部下方的口器周圍具有一列特化發達的刺（頰櫛刺），前胸背板後側另有一列發達的刺（前胸櫛刺）。後足脛節具 6 排刺，其中第 5 排為單根刺，其餘為雙根刺。腹部 10 節，雄蟲腹部第九節背板特化為握器，便於交配時握住雌蟲。

貓蚤是台灣平地環境極普遍的跳蚤，同時也為住家中最常見的種類，亦可見於低海拔山區。成蟲主要以哺乳類動物的血液為食，跳躍力強，善於攀附，利用口器刺入動物皮膚攝食，尤其常見於貓、狗身上，唾液會引起宿主皮膚搔癢、發炎，但不會媒介重大傳染病。有時也隨著貓、狗等寵物而來到人身上，並吸食人血。此外，成蟲也曾發現於鳥類及野生哺乳類動物身上。成蟲在宿主體表交配，交配時雄蟲在雌蟲下方，雙方頭朝向同一方向。雌蟲於吸血後才產卵，一般直接將卵產在宿主體表，但卵常會掉落於宿主活動區域的地面。幼蟲呈半透明灰白色，不具足及眼，在地面或低處的各種縫隙間活動，並以成蟲所排出之暗紅色液態糞便（血便）及地面有機物為食。幼蟲對濕度敏感，無法存活於相對濕度低於50％的環境。廣泛分布世界各地。

　　同屬尚有一種「狗蚤」（*Ctenocephalides canis*），外觀與習性與本種相似，同樣為世界廣布種，但較常見於溫帶地區，在熱帶則多見於高海拔山區，在台灣不如貓蚤常見。兩者可藉由頭部形狀，以及頭部的刺形態區分。貓蚤的頭比例較長而尖，頰櫛刺左右一般各8根，前端第一根刺比第二根刺略短或近乎等長；狗蚤頭比例較短而圓鈍，頰櫛刺左右一般各8根，前端第一根刺之長度僅為第二根刺的1/2~2/3，第一根明顯較短。

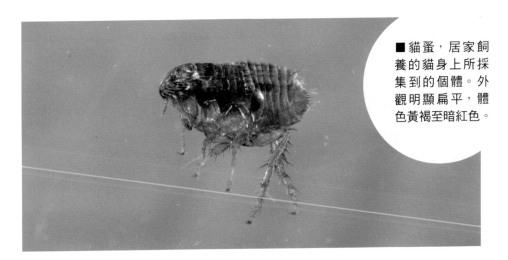

■貓蚤，居家飼養的貓身上所採集到的個體。外觀明顯扁平，體色黃褐至暗紅色。

昆蟲綱

蚤目

■安德遜蠅虎，雄蛛。腹部背側可見 2 對小白斑，通常第 2 對較不明顯。

## # 安德遜蠅虎

**學名**／ *Hasarius adansoni* (Audouin, 1826)
**別名**／花蛤沙蛛、花哈沙蛛
**分類**／蛛形綱 Arachnida，蜘蛛目 Araneae，蠅虎科 Salticidae

　　成蛛體長 4.6~9.8 公釐，頭胸部具 8 顆單眼，呈三列排列。雄蛛軀體底色呈黑褐至黑色，頭胸部背面具近似「U 形」的白色帶紋，觸肢背面覆蓋明顯白色毛叢。腹部背面前端可見一道白色弧形帶紋，後半部則有 2 對小白斑，腹部正中央可見不明顯之淡色縱向粗條紋。頭胸部前方的 4 顆單眼周圍可見紅褐色毛圍繞，中央最大的 2 顆單眼下方尚具白色毛。

　　雌蛛體型略大於雄蛛，外觀也與雄蛛明顯不同，軀體呈黃褐至暗褐色調，頭胸部背側具近似「U 形」的黃褐色帶紋。腹部背側前端具黃褐色弧

形帶紋；腹部背側正中央尚有一道縱向黃褐色粗條紋，而該條紋兩側可見較細的黑褐色帶紋，或細碎不規則狀的黑褐色斑點。

　　安德遜蠅虎在台灣分布於平地至低海拔山區，是建築物內外相當常見的蜘蛛，常在明亮的牆面、陽台、門窗等環境出沒，也可在山野發現其蹤跡。通常在白晝活動，行動敏捷，善於跳躍，主要捕食蚊、蠅類等小型昆蟲維生。不結網，但會在角落處築囊狀至不規則狀，形態如帳篷般的絲巢，夜間及蛻皮、產卵時會藏身於絲巢中。活動時腹部末端會隨時連著一條曳絲，曳絲有助於在跳躍過程維持平衡。本種可能起源於非洲，但喜較溫暖區域，現廣泛分布世界各國，亞洲可見於台灣、中國、日本、印度、新加坡等。

■安德遜蠅虎，雌蛛。
體色偏褐色調，身上
斑紋對比較不如雄蛛
明顯。

■雄蛛體色黑，身
上白色帶紋與體色
對比鮮明。

蛛形綱

蜘蛛目

■雄若蛛，體色較成蛛為淺，頭胸部比例也較小。

■雄蛛，頭胸部背側及腹部背側前端
皆可見白色帶紋。

■雌若蛛，體色明顯較成蛛淺。

■雌蛛，觸肢表面有淡黃色毛，單眼周圍的毛亦呈淡黃色。

■雄蛛，觸肢背面可見顯眼的白色毛叢，單眼周圍並有紅褐色毛圍繞。蠅虎科的蜘蛛頭胸部具有 8 顆單眼，而又以前方兩顆單眼特別大。

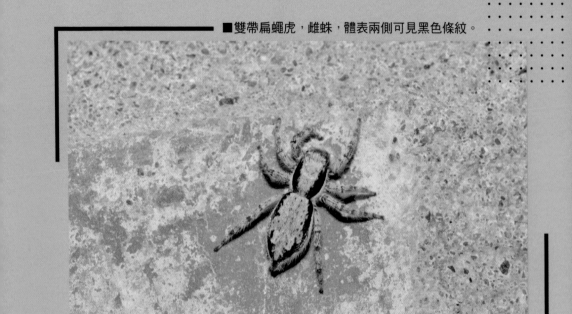

■雙帶扁蠅虎，雌蛛，體表兩側可見黑色條紋。

# # 雙帶扁蠅虎

**學名／** *Menemerus bivittatus* (Dufour, 1831)

**別名／** 包氏扁蠅虎

**分類／** 蛛形綱 Arachnida，蜘蛛目 Araneae，蠅虎科 Salticidae

---

　　成蛛體長 6~9.7 公釐，頭胸部具 8 顆單眼，呈三列排列，體色主要呈黑白色調，雌雄外觀有明顯差異。雌蛛體型略大於雄蛛，體表布滿灰白色毛，軀體兩側有明顯黑色條紋，頭胸部前排單眼下方區域具帶狀淡黃橙色毛叢。

　　雄蛛頭胸部兩側有明顯黑色條紋，最主要特徵為腹部背面中央處有一道黑色寬大縱紋，可藉此與雌蛛區分。雄蛛頭胸部前排單眼下方的毛叢為白色，並延伸至頭胸部兩側。

雙帶扁蠅虎廣泛分布熱帶地區，包括亞洲、非洲和大洋洲，在台灣常見於平地至低海拔山區，常出沒於樹木莖幹表面，也會在建築物的門窗、牆面活動。通常在白晝活動，行動敏捷，善於跳躍。不結網，主要以小型昆蟲為食。如同其他蠅虎科的成員，會在角落或狹縫處築絲巢，夜間常躲藏於絲巢及建築物縫隙。族群密度高時，同類之間會有自相殘殺的情形發生。國外曾記錄本種在螞蟻搬運幼蟲過程中，有搶奪螞蟻幼蟲的行為。

■雌蛛捕食同類，此個體發現於建築物外牆上。

■若蛛，外觀不論雌雄皆近似雌性成蛛，但體表之條紋較淡。

■雄蛛，體表具灰白色毛，有時略帶黃灰色。

■若蛛捕食果蠅。

蛛形綱

蜘蛛目

■雙帶扁蠅虎，雄蛛，腹部中央的黑色縱紋為其主要特色。幼小的雄性若蛛腹部則無此縱紋。

■雄蛛的單眼下方可見清晰的帶狀白色毛叢。

■褐條斑蠅虎，雄蛛。成蛛體色黑褐、白色相間，雄蛛背側的條紋幾乎連貫頭胸至腹末。腹部背側具 2 對小白斑，有些個體的第 2 對小白斑較不明顯。

# 褐條斑蠅虎

**學名**／ *Plexippus paykulli* (Audouin, 1826)
**別名**／黑色蠅虎、茶色條斑蠅虎
**分類**／蛛形綱 Arachnida，蜘蛛目 Araneae，蠅虎科 Salticidae

成蛛體長 6.9~12 公釐，外觀深褐至黑色，軀體背面中央具一道乳白至淡黃褐色的縱紋，縱紋於腹部中後段區域漸增粗。腹部後半部具 2 對小白斑，與腹部中央的縱紋相連，其中前端的一對小白斑較明顯且近似長橢圓形。腹部腹面中央具有毛叢所構成，形狀近似「三角形」的大型黑褐色斑塊。頭胸部具 8 顆單眼，呈三列排列。

雌雄外觀相似，但雄蛛外表的斑紋與體色對比往往較鮮明，體背面中央的縱紋多呈白色，且縱紋會延伸至頭胸部前端的單眼區域。此外，雄蛛

蛛形綱

蜘蛛目

一般於頭胸部之中央縱紋兩側，各有一條白色短縱紋；頭胸部及腹部邊緣並有乳白至灰白色帶紋。

　　雌蛛體背面中央的縱紋多呈淡黃褐色，且未延伸至頭胸部前端，在腹部近中段區域通常另有橫向紋路與中央縱紋呈十字形交錯。

　　褐條斑蠅虎在台灣分布於平地至低海拔山區，常棲身於樹叢間，也會在郊區建築物之外牆、室內牆角等環境出沒。通常在白晝活動，生性活潑且善彈跳，獵捕能力強，發現獵物時會快速跳躍撲向對方。常捕食蠅類、蛾類或小型無脊椎動物，甚至捕食其他種類的蜘蛛。不結網，會於住宅牆角、狹縫或植物葉背築絲巢，夜間及蛻皮階段會藏身於絲巢中。廣泛分布世界各地，亞洲可見於台灣、日本、中國、新加坡等國。

■成熟雄蛛的觸肢末端可見明顯膨大狀。

■雄若蛛。外觀與成蛛相似，惟體表斑紋略淡。

■雌若蛛。外觀與成蛛相似，惟體表斑紋略淡。

■雄蛛，體中央白色縱紋兩側呈深褐至黑色，足部可見許多黑色毛及刺。

■褐條斑蠅虎的腹部腹面可見近似三角形的黑褐色大斑塊。

■褐條斑蠅虎，雄蛛，身體背面的縱紋清晰可見。

■雄若蛛，體表斑紋較成蛛淡，且觸肢末端未見明顯膨大。

■白額高腳蛛，雄蛛。頭胸部具有近似「V形」的黑褐色醒目斑塊。此個體有一足曾斷裂，後重新長出，故該足外觀明顯較細小。

# 白額高腳蛛

**學名**／ *Heteropoda venatoria* (Linnaeus, 1767)
**別名**／白額巨蟹蛛、蟧蜈
**分類**／蛛形綱 Arachnida，蜘蛛目 Araneae，高腳蛛科 Sparassidae

　　成蛛體長 1.7~3.4 公分，體色黃褐至深褐色，體型略顯扁平。頭胸部具 8 顆單眼，排列成兩列。單眼與口器之間可見一道白至淡黃色毛列所構成之橫帶紋，且因該特徵而得名。足上常具有許多深色圓斑，圓斑中心白色，其上並長有棘刺。

　　雌蛛體型較雄蛛大，頭胸部後方具有白至淡黃色的粗橫帶。雄蛛在頭胸部背面具有近似「V形」的黑褐色粗大斑塊，此特徵可與雌蛛區分，並且足比例較雌蛛長，腹部背面常有黑色縱紋。

■白額高腳蛛的頭胸部前端具明顯的白至淡黃色帶紋，此為雄蛛。

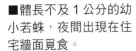

■體長不及 1 公分的幼小若蛛，夜間出現在住宅牆面覓食。

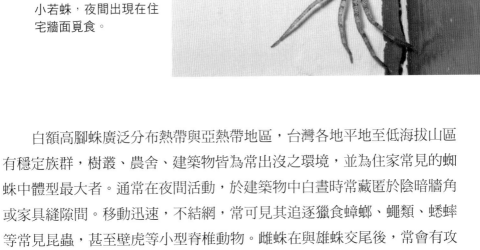

　　白額高腳蛛廣泛分布熱帶與亞熱帶地區，台灣各地平地至低海拔山區有穩定族群，樹叢、農舍、建築物皆為常出沒之環境，並為住家常見的蜘蛛中體型最大者。通常在夜間活動，於建築物中白晝時常藏匿於陰暗牆角或家具縫隙間。移動迅速，不結網，常可見其追逐獵食蟑螂、蠅類、蟋蟀等常見昆蟲，甚至壁虎等小型脊椎動物。雌蛛在與雄蛛交尾後，常會有攻擊並取食雄蛛的行為。雌蛛具護卵行為，在若蛛孵化前，會攜帶白色的大型圓盤狀卵囊四處活動。

　　台灣過去流傳白額高腳蛛「尿液會引起皮膚或嘴角潰爛」的說法，實際上毫無根據。且因體型大，常引起民眾恐慌，但其實白額高腳蛛對人類無害。

蛛形綱

蜘蛛目

■抱著圓盤狀卵囊的雌蛛。頭胸部後方可見一道白至淡黃色粗橫帶。

■頭胸部前端,位於單眼下方的白色帶紋清晰可見,可與近似種區別。此帶紋在夜間並具有吸引獵物的效果。此為雄蛛,頭胸部背面尚可見「V形」黑褐色斑塊。

## 蜘蛛──操弄絲線的獵食者

　　蜘蛛在分類上屬於蛛形綱蜘蛛目，是蛛形綱中種類相當豐富的一群動物，全世界已記錄的蜘蛛超過 49000 種，台灣已有紀錄的種類則超過 460 種。蜘蛛依習性可分為結網型的蜘蛛及非結網型的蜘蛛。結網型的蜘蛛會製造明顯的網用於捕食，例如簷下姬鬼蛛、幽靈蛛科的種類等；非結網型的蜘蛛則不造網，而是以埋伏或徘徊的方式獵食，例如白額高腳蛛、蠅虎科的種類等。許多種類的蜘蛛雄性在性成熟後，觸肢末端可見明顯的膨大狀，稱為「觸肢器」，為其交配器官，能用於傳遞精子。

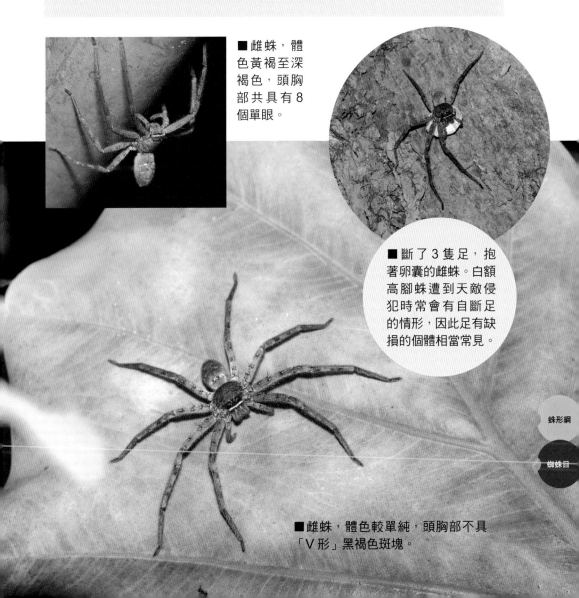

■雌蛛，體色黃褐至深褐色，頭胸部共具有 8 個單眼。

■斷了 3 隻足，抱著卵囊的雌蛛。白額高腳蛛遭到天敵侵犯時常會有自斷足的情形，因此足有缺損的個體相當常見。

**蛛形綱**

**蜘蛛目**

■雌蛛，體色較單純，頭胸部不具「V形」黑褐色斑塊。

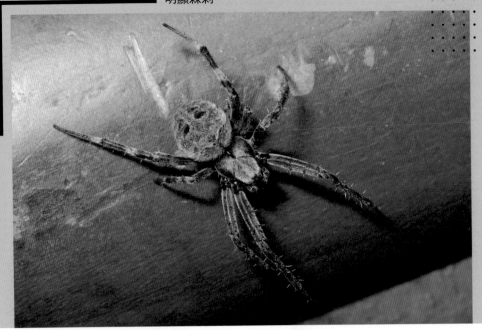

■簷下姬鬼蛛，成蛛外觀常為灰黑色，各足有
明顯棘刺。

# 簷下姬鬼蛛

**學名**／ *Neoscona nautica* (L. Koch, 1875)
**別名**／嗜水新圓蛛
**分類**／蛛形綱 Arachnida，蜘蛛目 Araneae，金蛛科 Araneidae

　　成蛛體長 5.5~12 公釐，體表呈灰黑或褐色，布滿灰白色剛毛，雌雄
外觀相似。頭胸部之邊緣及後方中央凹陷，各足可見明顯的棘刺及黑褐色
斑塊。第二對足脛節前側方具許多棘刺，且多於第一對足，雄蛛在第二對
足脛節中段具一根較大的棘刺。腹部長度大於寬度，在背側近中央區域，
可見兩排黑色大塊斑紋，排列類似「鋸齒狀」或「王字」，為此屬種類之
特色，然個體間斑紋變異大，亦有部分個體斑紋不明顯；此外腹部亦可見
其他細碎不規則排列之小型斑紋散布。腹部自腹面檢視，可見一對近似

「逗號」的白色圓斑，此為本種之重要辨識特徵。

　　簷下姬鬼蛛廣泛分布世界各地，中國、日本、台灣皆常見，在台灣棲息於平地至低海拔山區。都市中也很常見，牠們頻繁棲息在屋簷、騎樓、公園、倉庫等場所，較不常打掃的住家室內角落也有機會發現其族群。一般會結圓形網懸掛在牆縫或梁柱等角落，網型大而醒目，多捕食蛾類或蠅類等常見昆蟲。生活於戶外的個體常可觀察到白晝時會自行將所織的網破壞，並藏身於隱蔽處，接近傍晚時再爬至空曠處結網。

■腹部背側常可見排列整齊的黑色對稱斑紋。

■腹面可見一對明顯的白色圓斑。

蛛形綱

蜘蛛目

■早齡若蛛，體表剛毛少，體色偏黃褐，外觀與成蛛差異相當大。

■成蛛體表布滿灰白色剛毛，各足細長。

■在住家牆角結網的個體。

# # 大姬蛛

**學名**／ *Parasteatoda tepidariorum* (C. L. Koch, 1841)

**別名**／大擬肥腹蛛、溫室希蛛、大希蛛

**分類**／蛛形綱 Arachnida，蜘蛛目 Araneae，姬蛛科 Theridiidae

　　成蛛體長 3.5~7.8 公釐，外觀紅褐色，腹部自背面觀呈球形，側看如水滴形，體積明顯較頭胸部大。頭胸部背側中央具不明顯暗色縱向淡紋，腹部背側可見黑、白色不規則狀斑紋交雜，而在腹部中段至後端依稀可見橫向偏斜之白色紋路。頭胸部具 8 顆單眼，大致排列成二列。足部呈黃褐至紅褐色，表面並可見黑褐色環紋。雌雄體表斑紋相似，但雄蛛體色通常較雌蛛深，而雌蛛之腹部比例較大。

　　大姬蛛在世界各地廣泛分布，台灣可見於低、中海拔山區及平地，時

蛛形綱

蜘蛛目

常棲息於建築物或人工環境內外。本種會利用相鄰牆面或屋簷結網，所結的網多為不規則狀，且網上常懸掛枯葉或土塊用以躲藏。捕食昆蟲、馬陸等各種節肢動物，甚至會捕食體型比自身大數倍的動物，取食後會將獵物殘骸丟出網外。受到驚擾時，常會迅速縮起身體往下方滾落。卵囊外觀黃褐色，一般會掛於網上，雌蛛有護卵行為，常會守在卵囊附近。卵孵化後，雌蛛也會與剛孵化不久的若蛛共享食物。本種因為生活史短，且容易飼養和具有各種多樣的行為，常被用作探討發育機制演化的模型物種。

　　台灣低、中海拔山區尚有數種近似種類，僅憑外觀有時不易區分，須透過細微的生殖器特徵鑑定，而本種生殖器形態特徵穩定。

■雌蛛，腹部自背面觀呈球形。

■個體間斑紋變異大，此為體色較鮮豔的雌蛛。

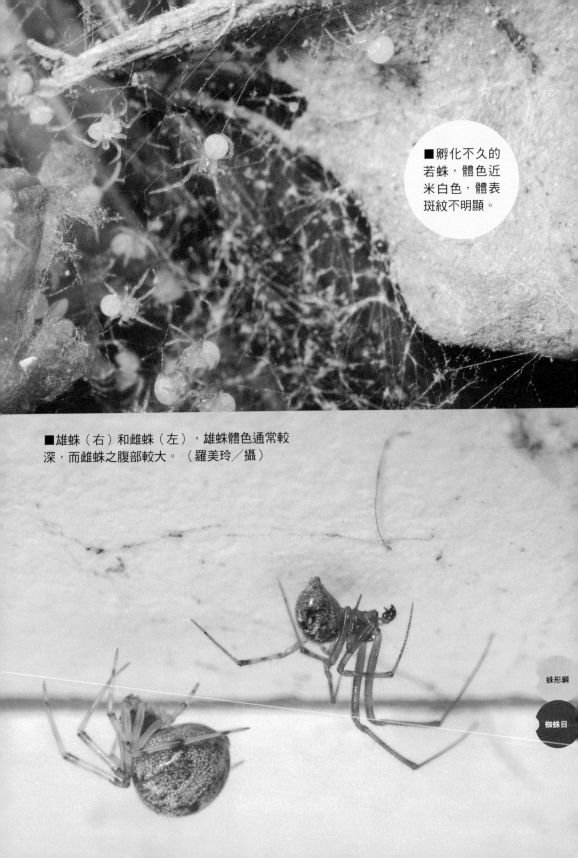

■孵化不久的
若蛛，體色近
米白色，體表
斑紋不明顯。

■雄蛛（右）和雌蛛（左），雄蛛體色通常較
深，而雌蛛之腹部較大。（羅美玲／攝）

蛛形綱

蜘蛛目

■壺腹蛛，體色黃褐，頭胸部及腹部具紫紅至黑褐色縱紋，常棲息在建築物內外的牆角。

# 壺腹蛛

**學名／** *Crossopriza lyoni* (Blackwall, 1867)
**別名／**萊氏壺蛛、里昂壺腹蛛
**分類／**蛛形綱 Arachnida，蜘蛛目 Araneae，幽靈蛛科 Pholcidae

　　成蛛體長 4.2~7 公釐，體呈黃褐色。頭胸部略扁，背面觀近圓形，中央處凹陷並可見一條紫紅至黑褐色向後延伸的縱紋。單眼 8 顆，分為三群；前方中央的 2 眼比例最小且相鄰，另 6 顆眼則各 3 個一組聚合在一起，位置較前端 2 眼略偏向左後及右後方。足長而纖細，第一對足明顯大於第三對足，各足腿節與脛節末端具乳白色斑塊，乳白色斑塊周圍並常伴隨黑褐斑塊。腹部背面觀如橢圓形，中央具紫紅至黑褐色縱紋，縱紋兩側並有對稱之深淺斑塊交雜，排列大致呈「八字形」。腹部自腹面檢視，中央可見

一粗大黑褐色縱紋，並延伸至頭胸部。腹部由側面觀則近似梯形，腹部末端邊緣處並呈尖凸稜角狀，此特徵可與其他常見的幽靈蛛科種類區別。腹部側面並可見白與黑褐色不規則狀斑紋散布，樣貌多變，不同個體之斑紋樣式亦不同。雄蛛螯肢具一對凸起，一在側面，一在前端。

　　壺腹蛛在台灣平地至低海拔山區可見，也常棲息在建築物內的陰暗角落，或建築物外牆之陰涼處。所結之網凌亂不規則，身軀常以倒掛姿態停棲於網面下方，以捕食小型節肢動物維生，有時甚至捕食其他種類的蜘蛛。當受到干擾時，會有明顯搖晃身體的行為，用意可能為嚇阻或混淆天敵視線。雌蛛有護卵行為，繁殖期間會以螯肢咬住卵囊，攜於身邊。卵囊僅由一層薄細絲包覆，卵粒清晰可見。廣泛分布世界各國，常見於台灣、日本、中國等亞洲國家。由於壺腹蛛能捕食埃及斑蚊，在泰國被認為可應用在登革熱病媒蚊的生物防治。此外，其所結的不規則大型網之垂直直徑甚至可達 90 公分，能捕捉大量節肢動物，因此其存在能有助於減少室內之騷擾性物種。

■腹部背面觀近似橢圓形。

■側面可見腹部近似梯形，且邊緣呈稜角狀。

蛛形綱

蜘蛛目

■身體腹面可見明顯之黑褐色縱紋。

■壺腹蛛若蛛，與成蛛相比，腹部側面形狀較偏向三角形。

■成蛛，與其他居家常見的幽靈蛛科種類相較，壺腹蛛的足往往明顯較細長。

■擬幽靈蛛，體色淡黃褐，常棲息在建築物內外的牆角。

# 擬幽靈蛛

**學名**／ *Smeringopus pallidus* (Blackwall, 1858)
**別名**／怒蛛
**分類**／蛛形綱 Arachnida，蜘蛛目 Araneae，幽靈蛛科 Pholcidae

　　成蛛體長 5.3~7.5 公釐，體呈淡黃褐色。頭胸部背面觀近圓形，中央處具深凹陷且可見一道黑褐色縱紋，縱紋左右兩側有不規則斑紋。單眼 8 顆，分為三群；最前端的 2 眼比例最小且相鄰，其餘 6 顆眼則各 3 個一組集合在一起，位置較前端 2 眼略偏向左後及右後方。足長而纖細，不具刺，各足腿節及脛節於近端部處顏色較深，並在端部具乳白色斑塊。腹部狹長呈長橢圓形，背面中央具狹長黑褐色斑紋，延伸至腹部近後半段常斷開呈若干「八字形」排列之對稱斑塊；中央斑紋兩側並有零碎狀之對稱斑塊圍

蛛形綱

蜘蛛目

繞。腹部之腹面正中央尚有一條黑褐色縱紋。

　　擬幽靈蛛在台灣分布平地至低海拔山區，常棲息於岩壁、廢墟及建築物內外牆縫，也會出現在居家環境的陰暗處。所結之網凌亂不規則，身軀常以倒掛姿態停棲於網面下方，以捕食小型昆蟲維生。當受到干擾時，會有明顯搖晃身體的防禦行為。足相當易斷，戶外發現之個體常有斷足的情形。雌蛛有護卵行為，繁殖期間會以螯肢咬住卵囊，攜於身邊。卵囊僅由一層薄細絲包覆，卵粒清晰可見。廣泛分布世界各地，如亞洲及美洲皆可見其蹤跡。

■頭胸部近圓形，中央具黑褐色縱紋、兩側有不規則斑紋，腹部狹長，背面布滿黑褐色斑紋。

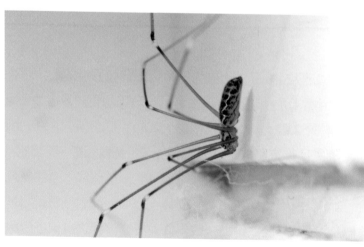

■擬幽靈蛛的腹部明顯呈長橢圓形。

■球腹幽靈蛛，雌蛛，頭胸部近圓形、腹部近橢圓形。頭胸部中央可見黑褐色斑紋，其左右通常各有 3 枚黑褐色小斑點。

# 球腹幽靈蛛

**學名**／ *Physocyclus globosus* (Taczanowski, 1874)
**別名**／球形環蛛
**分類**／蛛形綱 Arachnida，蜘蛛目 Araneae，幽靈蛛科 Pholcidae

　　成蛛體長 2.5~6 公釐，體色黃褐或帶有橙色。頭胸部背面觀近圓形，中央處呈凹陷狀，凹陷區域具不規則黑褐色斑紋，斑紋左右兩側通常各有 3 枚黑褐色小斑點。單眼 8 顆，分為三群；比例較小的 2 眼位於最前端，其餘則各 3 顆一組聚合且位置略偏向左後及右後方。足長而纖細，各足腿節在近端部處具黑褐色環紋，脛節基部與近端部亦具黑褐色環紋；雄蛛足比例較雌蛛長。腹部背面觀近似橢圓形，表面有白與黑褐色不規則狀斑紋；一般在中央處有一道狹長略呈半透明之區域。腹部側面觀則通常似水

蛛形綱

蜘蛛目

滴狀，側面觀厚且短，表面布滿黑褐及白色不規則狀斑紋；雌蛛腹部大於雄蛛。雄蛛觸肢明顯膨大，螯肢具側突，螯肢由前面觀，具有數個骨化的錐狀小凸起；雌蛛觸肢細小，螯肢不具側突。

球腹幽靈蛛普遍出現於台灣各地的樓房、公寓等各類建築物內，偏好陰暗、溫暖且沒有風流動干擾的環境，如室內牆角、天花板、家具縫隙、流理台或桌子底下，以及樓梯間等。低海拔山區亦有穩定族群，在野外多棲息於地面枯枝落葉、樹根縫隙間。所結之網凌亂不規則，常見以倒掛姿態停棲於網面下方，平時捕食蚊、蠅、蛾蚋等小型昆蟲。如同其他幽靈蛛科種類，雌蛛有護卵行為，在繁殖期間會以螯肢咬住卵囊，攜於身邊。卵囊表面覆有一層薄絲，卵粒清晰可見。本種透過人為活動而廣泛分布世界各地，已知美洲、大洋洲、歐洲及亞洲皆有紀錄。

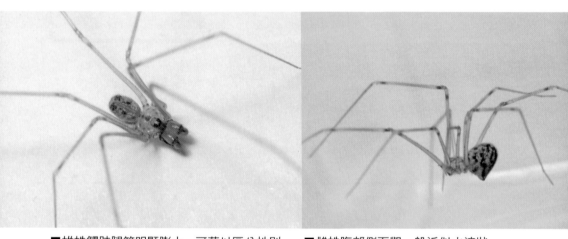

■雄蛛觸肢腿節明顯膨大，可藉以區分性別。　■雌蛛腹部側面觀一般近似水滴狀。

■球腹幽靈蛛常在住家牆角或室內各角落活動、覓食。　■銜著卵囊護卵的雌蛛。

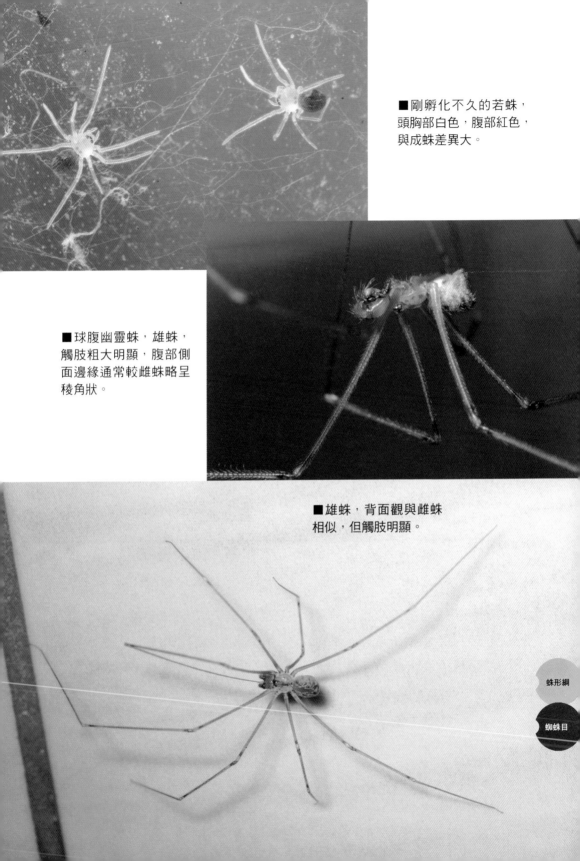

■剛孵化不久的若蛛，
頭胸部白色，腹部紅色，
與成蛛差異大。

■球腹幽靈蛛，雄蛛，
觸肢粗大明顯，腹部側
面邊緣通常較雌蛛略呈
稜角狀。

■雄蛛，背面觀與雌蛛
相似，但觸肢明顯。

蛛形綱

蜘蛛目

■黃昏花皮蛛，雄蛛，外觀黃褐色，頭胸部背
面花紋類似網狀。

# 黃昏花皮蛛

**學名**／ *Scytodes thoracica* (Latreille, 1802)
**別名**／花椒山城蛛、胸紋花皮蛛
**分類**／蛛形綱 Arachnida，蜘蛛目 Araneae，山城蛛科 Scytodidae

　　成蛛體長 3.6~7 公釐，外觀黃褐色。頭胸部背面明顯隆起，側面觀可
見後半部較高於前半部；表面散布對稱的黑褐色花紋，通常於近中央處可
見 2 條寬大縱紋，縱紋外側具數條橫向條紋，條紋再與近似「之」字形的
重複斑紋相接。頭胸部具 6 顆單眼，排列成 3 群。足細長，足表面具多個
黑褐色環紋；環紋在個體間變異大，有時不明顯。腹部自背面觀呈橢圓形，
腹部表面斑紋呈點狀或波浪狀橫條。

　　黃昏花皮蛛多藏匿於住宅中的壁縫、狹縫及陰暗角落，也會棲息在平

■體表的斑紋大致呈左右對稱。　　　■黃昏花皮蛛的頭胸部共有 6 顆單眼，
　　　　　　　　　　　　　　　　　　每 2 顆組成一群。

■雄蛛的觸肢末端可見膨大如球狀。

地至低海拔環境的岩壁或樹皮縫隙，棲息處可見凌亂的絲線纏繞。夜間活
動，夜晚時常可發現其於室內地板或家具間爬行、覓食。頭胸部內具有能
分泌黏稠分泌物的特殊腺體，捕食方式為自毒牙噴出絲、分泌物及毒液混
合物，藉以困住獵物，再行取食。通常捕食蛾、果蠅等昆蟲。雌蛛具有護
卵行為，繁殖期間會以螯肢攜帶卵囊活動，初孵化的若蛛仍會跟著雌蛛，
直到首次蛻皮後才離開雌蛛。廣泛分布世界各地，已知美洲、歐洲及亞洲
皆有紀錄。

蛛形綱

蜘蛛目

■若蛛，足上的斑紋
較成蛛深且密集。

■棲息在住家窗戶邊
的個體。

■縮網蛛，腹部呈橢圓形，棲息處常可見凌亂絲線及灰塵糾結積聚。

# # 縮網蛛

**學名**／ *Pritha marginata* (Kishida, 1936)
**別名**／管網蛛、緣管網蛛
**分類**／蛛形綱 Arachnida，蜘蛛目 Araneae，縮網蛛科 Filistatidae

　　成蛛體長 3.5~5 公釐，雌雄外觀相似，頭胸部背面觀呈橢圓形，中央紅褐色，兩側及後緣為米白至淡黃色，具 8 顆單眼。足細長，基節米白至淡黃色，其餘區域則為黃褐色調並夾雜部分黑褐色斑塊。腹部背面觀呈橢圓形，底色紅褐至黑褐色，表面布滿紫褐色毛，並可見稀疏黃色毛叢夾雜其中。雌雄外觀相似，但雌蛛體型及腹部比例較大。

　　縮網蛛分布於台灣低海拔山區和平地，鄉間農舍或近山區之老舊房舍牆面、門窗縫隙有機會發現其蹤跡，都市化環境出現頻率則較低。相較於

蛛形綱

蜘蛛目

其他居家常見的蜘蛛，縮網蛛的爬行動作明顯較為緩慢，平時吐絲結成凌亂的扁平不規則狀絲巢，或相互連結如隧道般，並棲身於其中，捕食各種小型昆蟲。絲巢表面往往黏附土石碎屑、塵埃及獵物殘骸。時常成群在房舍牆面築巢，但個體之間常會保持一定距離，同類間一般不會有自相殘殺的情形。雌蛛產卵時，也會將卵包裹於扁平的卵囊中。已知分布於台灣及日本。

　　本種以往曾被歸類在縮網蛛屬（*Filistata*），但於 2019 年被學者移入 *Pritha* 屬中，此處仍使用縮網蛛作為其中文名。

■縮網蛛，頭胸部中央紅褐色，腹部底色紅褐至黑褐色，表面有稀疏黃色毛叢。此為雌蛛。

■縮網蛛在建築物外牆造的絲巢。

■縮網蛛共有 8 顆單眼，聚集在頭胸部前端。

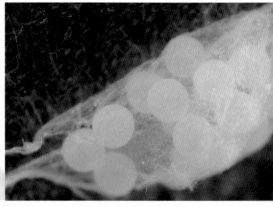

■縮網蛛的卵，每顆直徑約 0.7~0.8 公釐。

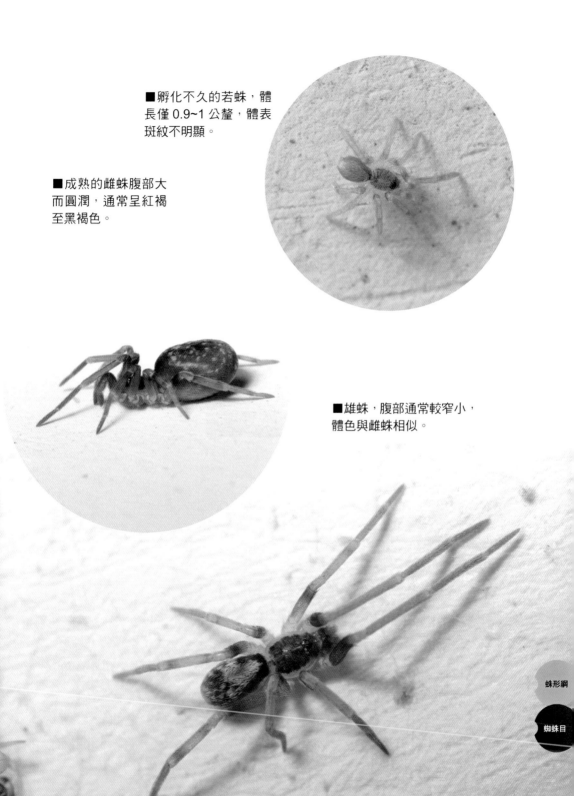

■孵化不久的若蛛，體長僅 0.9~1 公釐，體表斑紋不明顯。

■成熟的雌蛛腹部大而圓潤，通常呈紅褐至黑褐色。

■雄蛛，腹部通常較窄小，體色與雌蛛相似。

蛛形綱

蜘蛛目

■船形埃蛛的外觀淡黃至黃褐色，頭胸部近圓形，腹部近橢圓形。

# ＃ 船形埃蛛

**學名／** *Oecobius navus* Blackwall, 1859
**別名／** 船形擬壁錢
**分類／** 蛛形綱 Arachnida，蜘蛛目 Araneae，埃蛛科 Oecobiidae

---

　　成蛛體長 1.6~2.8 公釐，體型微小，外觀淡黃至黃褐色。頭胸部背面觀近圓形，中央具一褐色斑塊，斑塊兩側各具 3 個暗色近橢圓形斑點，頭胸部邊緣並具黑色帶紋。單眼 8 顆，幾乎聚集在一起。各足淡黃至黃褐色，略呈透明，具數道黑色環紋。腹部背面觀近橢圓形，表面具黑色不規則斑紋，以及較小的白色細碎斑點。

　　船形埃蛛在台灣主要分布於平地，常棲身於建築物之牆面、門窗邊緣、牆壁裂縫。行動敏捷，平時慣於躲藏在狹窄縫隙中，常會利用牆面裂

縫和縫隙作為支柱，構築出薄片狀巢用以棲息，並能藉由感受巢周圍絲線的震動而察覺經過附近的獵物。一般以捕食螞蟻、囓蟲等體型微小的昆蟲為主。捕食時可見其來回轉圈，反覆以絲纏繞獵物的特殊行為。當牆面棲息的族群密度高時，同類間有時會有自相殘殺的情形發生。本種透過人為運輸散播而廣泛分布世界各地。

　　本種在過去曾被認為與環腳埃蛛（*Oecobius annulipes*）是同一種，但後來根據模式標本之體色、形態的不同，確認為不同種類。

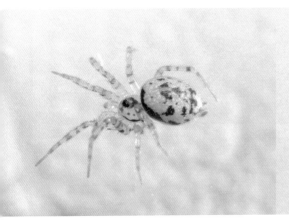

■雌蛛，足表面具黑色環紋，腹部可見黑色不規則斑紋。

■若蛛，體表及足上之斑紋較不明顯。

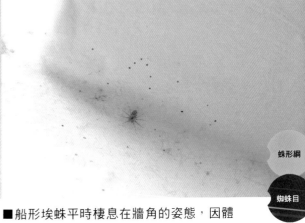

■若蛛，足略呈透明，體表及足上之斑紋較不明顯。

■船形埃蛛平時棲息在牆角的姿態，因體小而不易為人所注意。

蛛形綱

蜘蛛目

■腐食酪蟎，外觀灰白色，體表具稀疏剛毛。

# 腐食酪蟎

**學名**／ *Tyrophagus putrescentiae* (Schrank, 1781)
**別名**／卡氏長蟎、腐嗜酪蟎
**分類**／蛛形綱 Arachnida，疥蟎目 Sarcoptiformes，粉蟎科 Acaridae

　　體型微小，成蟎體長僅 0.28~0.4 公釐，外觀卵圓形，乳白或灰白色，體表柔軟光滑，具稀疏的細長剛毛，其中體背面近末端可見 4 對較長的剛毛。本種體型雖在人類肉眼可視範圍內，但若不使用光學器材輔助，僅能大致看見其外形輪廓。雌蟎與雄蟎外形及體表剛毛的排列方式相似，但雌蟎體型略大。

　　在台灣之室內環境多發生於廚房或囤放食物之場所，偏好含有高蛋白質和高脂肪的食品，如麵粉、花生、豆類、糙米、燕麥片、乾燥菇類、中

藥材、寵物飼料，以及腐敗的植物與動物性製品等。平時在食物表面、碎屑或周圍介質上活動。因繁殖力強，量多時更會自食物囤積處向外擴散，大量孳生的個體常聚集在一處，宛如積聚的白粉、灰塵般，便容易讓人察覺。當族群數量多時，往往散發出刺鼻氣味。也會取食黴菌，常隨著帶有黴菌的食品而被攜入居家環境及積穀倉庫、食品工廠。在自然環境中，則常棲息於土壤表層，以及鳥類、鼠類之巢穴。有些人食用遭腐食酪蟎汙染的食物會誘發過敏，人體若接觸其卵、糞便及屍體殘片也可能會造成過敏反應。本種亦可能傳播有毒真菌，如青黴菌和麴菌等。腐食酪蟎廣泛分布世界各地，溫帶、熱帶及亞熱帶國家皆有分布，而在熱帶地區危害特別嚴重。除了台灣，在亞洲地區有紀錄的國家包括中國、日本、韓國、菲律賓、尼泊爾、印度、伊朗等。

在國內尚有若干外觀相似的同屬近似種，需比對體表及足上之剛毛長度、比例與生殖器等特徵方能鑑別，不過家庭囤放之食品中以本種最為常見。腐食酪蟎喜好空氣濕度80~90％之潮濕環境，但能容忍低濕且對溫度的耐受範圍廣，若將濕度控制在60％以下能抑制其繁殖，食物若存放於乾燥、低溫環境亦能避免遭其汙染。

■腐食酪蟎在濕度高的室內，時常有機會大量繁殖。

蛛形綱

疥蟎目

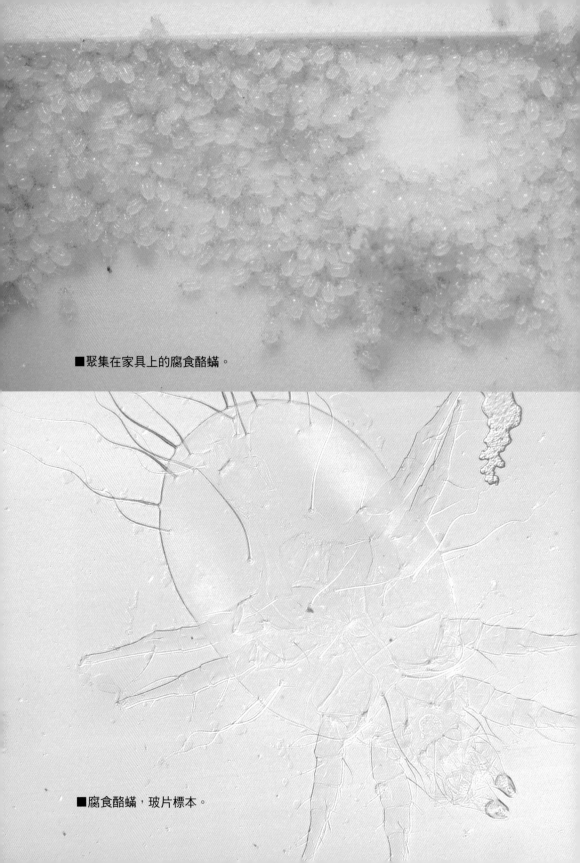

■聚集在家具上的腐食酪蟎。

■腐食酪蟎,玻片標本。

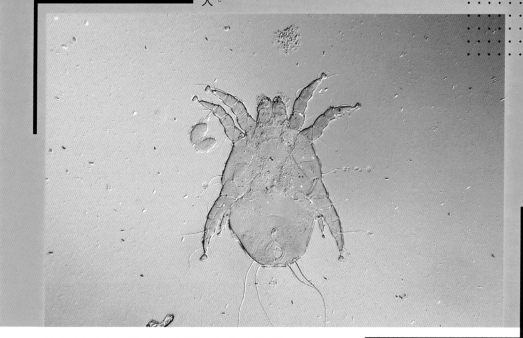

# 歐洲室塵蟎

**學名**／ *Dermatophagoides pteronyssinus* (Trouessart, 1897)

**別名**／屋塵蟎

**分類**／蛛形綱 Arachnida，疥蟎目 Sarcoptiformes，塵蟎科 Pyroglyphidae

　　成蟎體長 0.2~0.4 公釐，外觀橢圓呈乳白色。因體型極微小，人類肉眼一般不易察覺，須借助顯微鏡等光學器材才得以看見其外觀。身體背面中央的條紋為縱向，背面在末端處具兩對長剛毛。雄蟎之第一對足正常未膨大，並具有「倒八字形」的基節內突，第三對足較第四對足粗大。

　　喜愛潮濕、溫暖的環境，平時棲息在住宅內的沙發、地毯、窗簾、棉被、床墊或枕頭間，以人類或貓、狗等動物所掉落的皮屑、有機物碎屑，以及特定黴菌為食。尤其如棉製品等具天然纖維的家具因其材質具良好保

蛛形綱

疥蟎目

濕、保溫之特性，且容易附著皮屑及灰塵，因此歐洲室塵蟎及其同屬蟎類特別容易棲息、生長於此類製品上。已知其蟲體、卵、糞便及屍體殘片是誘發氣喘、過敏性結膜炎、異位性皮膚炎、噴嚏、鼻塞等過敏反應的常見過敏原，因重量輕而能隨空氣飄散。

歐洲室塵蟎廣泛分布世界各地。已知台灣居家之灰塵中的蟎類有十餘種，其中以歐洲室塵蟎為台灣最主要的種類，尤以北部區域數量較高，美洲室塵蟎則為其次。

本屬蟎類偏好空氣濕度 70~80％之環境，濕度低於 40％則無法生存，一般將室內濕度維持在約 50％即能有效抑制其生長；最適發育溫度為 25℃，若溫度低於 16℃則存活率將降低。

■歐洲室塵蟎，雌蟎，玻片標本。外觀橢圓，第三對足未特別粗大。

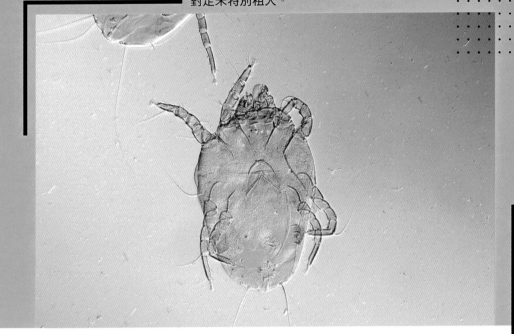

■美洲室塵蟎，雌蟎，玻片標本。雌蟎之第三對足未特別粗大。

# 美洲室塵蟎

**學名**／ *Dermatophagoides farinae* Hughes, 1961
**別名**／粉塵蟎
**分類**／蛛形綱 Arachnida，疥蟎目 Sarcoptiformes，塵蟎科 Pyroglyphidae

　　成蟎體長 0.2~0.4 公釐，外觀與歐洲室塵蟎相似，呈乳白色。體型極微小，人類肉眼一般不易察覺。身體背面中央的條紋為橫向條紋，背面在末端處具兩對長剛毛。雄蟎之第一對足相當膨大，並具有「V形」或「Y字形」的基節內突，第三對足較第四對足粗大。

　　喜愛潮濕、溫暖的環境，平時棲息在住宅內的沙發、地毯、窗簾、棉被、床墊或枕頭間，以人類或貓、狗等動物所掉落的皮屑、有機物碎屑，以及特定黴菌為食。為常見過敏原，對塵蟎過敏者若接觸到其蟲體，或空

蛛形綱

疥蟎目

氣中飄散的卵、糞便或屍體殘片，將可能誘發氣喘、異位性皮膚炎、過敏性鼻炎、過敏性結膜炎等疾病。

　　本種廣泛分布世界各地，與歐洲室塵蟎皆為影響人類生活最重要的蟎類，在歐美國家之居家環境相當常見。台灣室內環境亦可見，一般較不如歐洲室塵蟎普遍，惟本種較喜高溫，最適發育溫度為 28℃，在南部地區數量較多。

■人眼在放大鏡下見到的美洲室塵蟎，外觀大致會是如此。塵蟎平時多藏身於纖維縫隙，並且體色容易融入背景，故很難察覺到牠們的身影。

■美洲室塵蟎，玻片標本。體極微小，外觀橢圓，具有 4 對足。

# 血紅扇頭蜱

**學名**／ *Rhipicephalus sanguineus* s.s. (Latreille, 1806)
**別名**／黃狗蜱、褐黃狗蜱、棕色犬壁蝨
**分類**／蛛形綱 Arachnida，真蜱目 Ixodida，硬蜱科 Ixodidae

　　成蜱體長 3~4 公釐，外觀黃褐或紅褐色，具有 4 對足，足集中於身體前半部。體扁平呈寬卵圓形，身體最寬處大約在第四對足之著生區域，在吸血後軀體將呈近橢圓狀。雄蟲背側有一幾乎覆蓋軀體之平滑盾板，而雌蟲之盾板則長度通常不及體長之 1/2，僅覆蓋軀體一部分。盾板表面無任何淺色斑紋，體區後緣具方塊形的「緣垛」構造。雌蟲具「U 形」的生殖孔，雄蟲的氣門外有近似三角形的氣門板圍繞。

　　血紅扇頭蜱為台灣已知的蜱類中，少數能在室內環境長期生存、繁殖

蛛形綱

真蜱目

的物種。屬於體外寄生性節肢動物，通常一生中會至少更換 3 個宿主，其口器能切開並刺入動物皮膚，主要以哺乳類動物的血液為食，尤其常見於犬類身上。除了寄生於山區野生動物或城鄉之流浪動物，也會因犬隻間的接觸或共同空間而互相傳遞，因此常能在寵物犬及流浪犬之體表發現，一般常寄生在宿主的頸部、耳，或趾間。

　　目前能於台灣寵物犬及流浪犬身上生存的蜱約有 20 餘種，本種已知為最常見的種類之一，但因存在不少相近種類，且辨識上並不容易，常發生誤鑑定的情況，導致本種在分類學及生物學上的混淆。且本種模式標本已遺失，因此有學者在 2018 年指定一新模式標本並重新描述，以期能確保未來鑑定上之正確性，而台灣目前的血紅扇頭蜱物種資訊仍有待更進一步釐清。

■雄蟲體背側有一覆蓋身體大部分區域的平滑盾板。

■血紅扇頭蜱，雌蟲。身體後緣的多個緣垛，排列呈重複的皺褶狀。

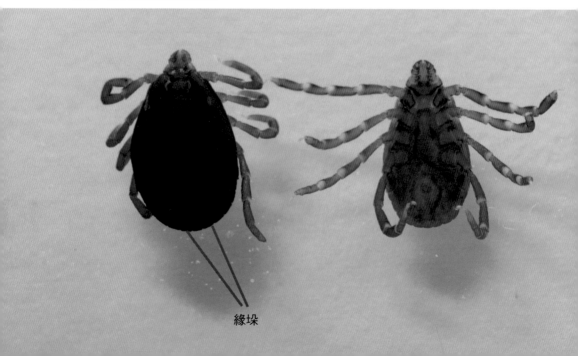

緣垛

■吸飽血的雌蟲。

### 蜱——依附在寵物身上的小麻煩

　　蛛形綱真蜱目的成員通稱「蜱」，又稱「壁蝨」，是寵物身上常見的一群暫時性外寄生蟲，全世界已知約 900 種，而會寄生在狗、貓，甚至人身上者多為硬蜱科的種類。蜱類一般是以埋伏的方式等待宿主主動接近，當宿主經過時便會快速的攀上其身體，之後再選定無毛髮或皮膚較薄的適當部位寄生、吸血。遭蜱叮咬除了引起不適，也須留意蜱可能會散播犬焦蟲症、犬艾利希體症，以及人畜共通的萊姆病、發熱伴血小板減少綜合症（SFTS）等疾病。由於蜱會利用特殊的分泌物讓口器與宿主皮膚緊密黏合，因此拔除寵物身上的蜱時須特別小心，若施力不當，有可能會讓宿主的一小塊皮膚一併被撕下，或者造成蜱的口器斷裂，留在皮膚裡而導致發炎。建議在拔除時可以鑷子夾住靠近皮膚的部位，以水平方向施力拔出。同時，因為蜱體內可能帶有病原微生物，切勿擠壓蜱的身體，以免導致病原隨著蜱的體液被擠出而接觸到宿主。

蛛形綱

真蜱目

■磚紅厚甲馬陸，外觀整體為紅色調，體表光滑。

# 磚紅厚甲馬陸

**學名**／ *Trigoniulus corallines* (Gervais, 1847)
**分類**／倍足綱 Diplopoda，山蛩目 Spirobolida，厚甲馬陸科 Trigoniulidae

　　成體體長 4~6 公分，軀體、足及觸角皆為磚紅色，體細長，體表光滑無毛。各體節之後緣可見略微凸起之環狀區域，身體兩側可見不明顯的縱向灰黑色帶紋。每體節具 2 對足，足之長度大約等同體節之寬度。

　　磚紅厚甲馬陸棲息於台灣各地平地及低海拔地區的土壤、枯木或落葉下，是戶外最常見的馬陸之一。台灣各地之庭園、公園、花圃或農田環境普遍能見到，時常於夜間活動，有時會在靠近土壤處的地面、牆面爬行，甚至會爬進低樓層的建築物內。通常春、夏季較常見，尤其夏季晨昏時段

常有機會觀察到交配行為。當感受到騷擾時會捲起身體，同時分泌具有刺鼻氣味的液狀分泌物。主要以落葉及腐植質為食。廣泛分布世界各地，已知中國、印度、泰國、馬來西亞等亞洲國家皆可見。

■磚紅厚甲馬陸的體色單一，易與其他種類的馬陸區別。

■觸角及各足皆呈紅色，複眼黑色。　■受到驚擾而捲起身體的姿態。

■小紅黑馬陸，外觀紫褐至黑色，各體節具明顯紅褐色環帶。

# 小紅黑馬陸

**學名**／ *Leptogoniulus sorornus* (Butler, 1876)
**分類**／倍足綱 Diplopoda，山蛩目 Spirobolida，厚甲馬陸科 Trigoniulidae

---

　　成體體長 3.6~4.2 公分，軀體細長而光滑，外觀紫褐至黑色，各體節之後緣具鮮明之紅褐色環帶。體表常散布不規則之淡粉紅色碎斑，但不甚明顯，且多集中於體側及各體節之前緣。觸角及足外觀略呈半透明，觸角為淡粉紅至米白色，各足為米白色。每體節具 2 對足，足之長度小於體節之寬度。

　　小紅黑馬陸之棲息環境與磚紅厚甲馬陸類似，平時棲身在平地及低海拔地區之潮濕土壤、腐植層中，可見於台灣各地庭園、農田，市區的公園

亦有機會發現。有時會在靠近土壤處的地面爬行，甚至進入低樓層的建築物內。當感受到騷擾時會捲起身體，並分泌具刺鼻味的分泌物。主要以落葉及腐植質為食。已知小紅黑馬陸最初發現地為印度洋上之島嶼，可能長期隨人類交通工具所夾帶散布，如今廣泛分布世界各地，常見於溫帶及熱帶地區。

　　本種體型較磚紅厚甲馬陸略小，且體表顏色為紅黑相間，可藉此與磚紅厚甲馬陸區分。

■各體節後緣具紅褐色環帶，體表有不規則細小淡粉紅色碎斑。

■受到驚擾而捲起身體的姿態。

倍足綱

山蚰目

■擬旋刺馬陸，外觀紅褐至深紫色，體表光滑。

# # 擬旋刺馬陸

**學名**／ *Pseudospirobolellus avernus* (Butler, 1876)
**分類**／倍足綱 Diplopoda，山蛩目 Spirobolida，擬旋刺馬陸科 Pseudospirobolellidae

　　成體體長 2.2~2.8 公分，軀體細長而光滑，外觀深紅褐至深紫色，體側近腹面區域則轉為略帶半透明之米白色。各體節之前、後緣色澤通常較深，多數體節背側前緣可見紫黑色環帶，環帶表面具細小之不規則顆粒狀凹陷，但體色較深的個體之環帶通常較不明顯；體節背側近後緣區域表面則較凸起、光滑。身體兩側可見紫黑色斑塊所組成之縱向帶紋，體表並可見些許不規則之淺褐色碎斑散布。每體節具 2 對足，觸角及各足為半透明的米白色。已知本種若經長波紫外線照射，體表會發散出淡藍色螢光。

擬旋刺馬陸分布台灣平地及低海拔地區，平時棲息於土壤或樹幹表面，由於其卵或蟲體時常夾帶於盆栽或園藝用培養土中，故常隨之被帶進家庭陽台或室內。地面或居家盆栽內的個體偶爾也會爬離土壤，經由住家門窗縫隙進入室內。主要以落葉及腐植質為食。受驚擾時會捲起身體，並分泌黃褐色帶有異味的分泌液。原產地亞洲，目前廣泛分布世界各地。

　　本種體型約為磚紅厚甲馬陸的 1/3~1/2，且觸角與足為米白色，不難與磚紅厚甲馬陸區分。

■多數體節背側前緣可見紫黑色環帶。

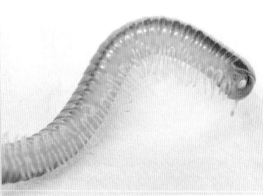

■各體節近腹面區域可見呈略帶半透明之米白色，並有米白色橫帶向外延伸。

■複眼黑色，各觸角及各足為米白色，端部具不明顯淡黑斑。

倍足綱

山蚰目

■頭部特寫，馬陸皆具有觸角一對、複眼一對。

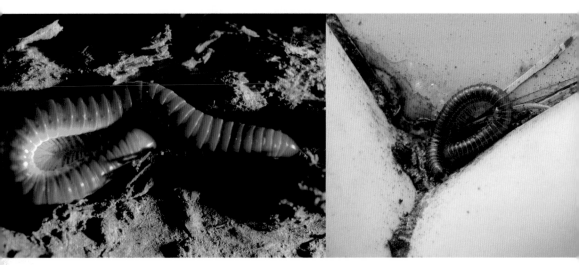

■擬旋刺馬陸在波長 395~410 nm 的紫外燈
照射下，體表會發出淡藍色螢光。

■沿著住家縫隙爬進室內，藏匿於牆
角的擬旋刺馬陸。

# ＃ 霍氏繞馬陸

**學名**／ *Helicorthomorpha holstii* (Pocock, 1895)

**分類**／倍足綱 Diplopoda，帶馬陸目 Polydesmida，奇馬陸科 Paradoxosomatidae

　　成體體長 1.8~2.5 公分，體細長，外觀深褐至黑褐色。各體節側方具有向外凸出的橙色板片；各體節背側中央各具一類似「葷狀」之橙色斑紋，各斑紋彼此相接，於體背形成一道念珠狀之縱向帶紋；體表腹面則為米白色。於最末節體節之末端，可見呈尖狀之凸起。每體節具 2 對足，足米白至橙色，觸角黑褐色。

　　霍氏繞馬陸棲息於平地及低海拔地區的土壤及落葉層，可見於森林及庭園，偶爾在建築物外牆上爬行，也會因盆栽或園藝用培養土夾帶而來到

倍足綱

帶馬陸目

家庭陽台或室內，有時甚至會發生數十隻個體在花盆中大量出現的情形。主要以落葉及腐植質為食。已知分布亞洲之台灣、越南、日本琉球群島，以及中國南部。

■各體節背側之類似葦狀斑紋，斑紋前約 3/4 區域較粗，後約 1/4 區域較細。

■腹面米白色，腹末具尖狀之凸起。

■粗直形馬陸，體表深褐至黑色，體側具有扁平鮮黃色板片。（邱麗卿／攝）

# 粗直形馬陸

**學名**／ *Orthomorpha coarctata* (DeSaussure, 1860)
**別名**／黑色奇馬陸
**分類**／倍足綱 Diplopoda，帶馬陸目 Polydesmida，奇馬陸科 Paradoxosomatidae

　　成體體長 1.8~3.4 公分，體細長略扁平，共具 20 個體節。各體節背側深褐至黑色，體節側方具有向外凸出的鮮黃色板片，板片扁平如刀狀。軀幹第二體節側方之板片相對高度低於其餘體節之板片。最末節體節末端具三角形狀之黃色凸起，觸角及各足米白至深褐色。

　　粗直形馬陸棲息於台灣各處平地及低海拔地區的土壤、落葉或腐敗植物間，喜陰暗潮濕，常可見於庭園花圃間，有時會在一些潮濕地表環境成群出現，受驚擾時會捲起身體。可觀察到在土壤中產卵，並以糞便構築巢

倍足綱

帶馬陸目

室的行為。主要以落葉、落果及腐植質等為食。因人類的商業行為而廣泛分布世界各地。

　　有些學者認為粗直形馬陸之生殖構造與 *Orthomorpha* 屬其他種類有差異，故指出本種應歸類在另立的 *Asiomorpha* 屬中；然而近年來不少學者認為此種仍應置於 *Orthomorpha* 屬，故本書遵循後者作法，將本種歸類在 *Orthomorpha* 屬中。

■粗直形馬陸，體背側光滑，外觀細長略扁平。（蘇耀坤／攝）

■側看可見軀幹第二體之板片低於其餘體節之板片。（邱麗卿／攝）

■正在取食落果的粗直形馬陸。（蘇耀堃／攝）

倍足綱

帶馬陸目

■長足衛蜈蚣，共具有 21 對足，各足表面具淡藍色斑紋。

## # 長足衛蜈蚣

**學名**／ *Rhysida longipes longipes* (Newport, 1845)

**分類**／唇足綱 Chilopoda，蜈蚣目 Scolopendromorpha，蜈蚣科 Scolopendridae

　　成體體長 8~10 公分，軀體細長扁平。頭部、軀幹第一體節及最末兩節體節背面觀紅棕色，其餘體節背側多為深褐或深綠色。頭部兩側各具 4 個單眼。觸角紅褐至深綠色，共 18 節。軀幹部具 21 對足，各足米白至淡黃色，表面具淡藍色斑紋。體側之氣孔為橢圓形，氣孔內具有細小的指狀凸起構造。最末對足明顯較長，其基部之腹面可見 2 列棘刺，每一列之棘刺數目為 3~4 個。

　　長足衛蜈蚣分布於台灣平地及低海拔地區，城市及鄉村皆可見，是居

家環境最常見的蜈蚣。喜潮濕陰暗環境，棲息環境涵蓋土壤、石縫、枯枝落葉、朽木，在都市中的水溝、公園以及花盆底下都有機會發現其蹤跡。有時會藉著住宅內的排水管道，由浴廁排水孔爬入低樓層的住家室內，但一般無法在居家房舍內環境長期生存。捕食性，以小型節肢動物或蚯蚓、蛞蝓等為食。毒鉤分泌之毒液量少，一般對人體不會造成威脅，惟須注意避免以手接觸，若遭其咬傷可能會引起腫痛不適感。雌蟲具育幼習性，會以身體纏繞保護卵。廣泛分布世界各地。

唇足綱

蜈蚣目

■頭部、軀幹第一體節，及最末兩節體節紅棕色，其餘體節深褐或深綠色。

■頭部之兩側各具有 4 個單眼。

■頭部腹面觀，可見一對特化的毒鉤。實際上毒鉤著生於軀幹的第一體節並向前方延伸。

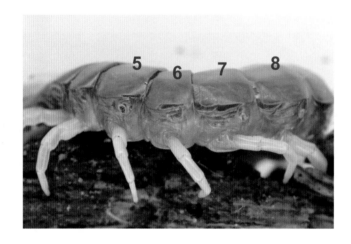

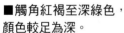

■軀幹第 7 體節具一對橢圓形氣孔，此特徵可與他屬之蜈蚣區別。

■觸角紅褐至深綠色，顏色較足為深。

■大蚰蜓，體表深褐色，足相當細長。

# # 大蚰蜓

**學名**／ *Thereuopoda clunifera* (Wood, 1862)

**別名**／棒狀花蚰蜓

**分類**／唇足綱 Chilopoda，蚰蜓目 Scutigeromorpha，蚰蜓科 Scutigeridae

　　成體體長 5~7 公分，具 15 對細長的足。頭部具一對黑色的複眼。體表深褐色，軀幹各節背側具 2 個近似三角形之橙色或橙紅色斑塊；2 個斑塊彼此相接，中央處具有氣孔。各足相當細長，黃褐至紅褐色，表面可見灰黑色斑塊。最末一對足長度超過其他對足，且其長度超過體長。

　　大蚰蜓棲息於平地及低海拔山區，是蚰蜓目中體型較大的種類。喜潮濕，無法耐受乾燥環境。爬行快速，足相當脆弱易斷，主要在夜間活動，常可見於山區的岩壁、洞穴、植物枝葉或樹幹上，有時也會出現在近郊之

唇足綱

蚰蜓目

住宅室內的潮濕處，惟國內目前對其生態所知甚少。捕食性，一般在夜間
活動，常以節肢動物為食，也會捕食小型兩棲類、爬蟲類等。已知分布台
灣、日本、中國，以及東南亞地區。

■身體各節背側具橙色或橙紅色的醒目
斑塊，並可見細小顆粒狀凸起。

■各足通常為黃褐至紅褐色，表面可見
灰黑色斑塊，基部半透明白色。

■足易斷裂，此個體便可見部分足缺失，但仍不影響活動。

■複眼黑色，觸角細長，身體前端有一對尖銳的顎肢向前延伸至頭部。

■夜間常能在低海拔山區的樹幹或枝葉上發現大蚰蜒停棲。

■長角跳蟲一般可見於陰暗、潮濕的牆縫或角落縫隙，此為牆壁上活動的個體。

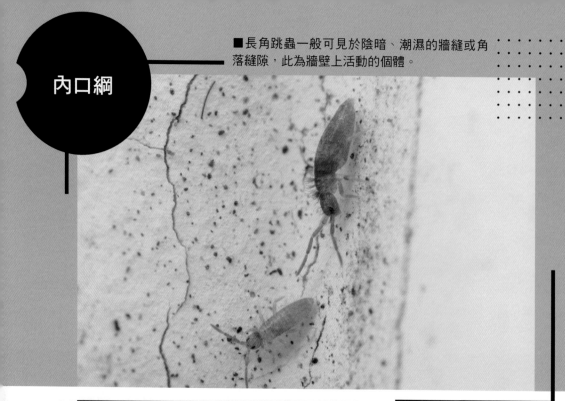

# ＃ 長角跳蟲科

**學名／** Entomobryidae

**分類／** 內口綱 Entognatha，彈尾目 Collembola，長角跳蟲科 Entomobryidae

　　成蟲體長 0.8~1.8 公釐，外觀長圓柱形，身體明顯分節，體微小且柔軟，體表長有許多鱗片與剛毛。體色多樣，從暗淡到鮮明色彩均有，但居家種類外表多呈灰色或黑色。觸角及足比例長，前胸退化。腹部長，大多數種類第四節長度大於第三節長度的 1.5 倍以上，但也有部分種類之第三、四節長度約等長。在腹部末端具有發達的彈器構造，能用於彈跳。因目前缺乏彈尾目相關分類研究，居家種類仍有待確認。

　　長角跳蟲科物種性喜潮濕，常見於各地的土壤、朽木、落葉堆中。住

宅內則多見於浴室內之積水牆角、洗手台或馬桶水箱附近，也會棲息在不通風、潮濕的室內牆面，尤其常大量聚集在漏水或壁癌嚴重的牆壁，惟體型小而容易為人所忽略。受驚擾時通常會以快速爬行或彈跳的方式躲避。以真菌、藻類、落葉、腐植質等各種有機物為食。長角跳蟲科為彈尾目中最大的科，已知全世界有將近 2000 種。本科物種廣泛分布世界各地，從陸地到淡水環境中均可發現。

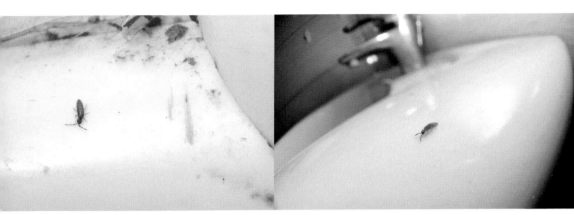

■停棲在窗框邊的個體。

■洗手台或馬桶水箱與磁磚間的夾縫易藏
汙納垢、孳生黴菌，成為長角跳蟲的食物
來源，因此常可見其在周圍活動。

內口綱

■浴室中積水的角落富含有機質，故也
常有長角跳蟲聚集。

■長角跳蟲科的動物終生無翅，不會飛行。

彈尾目

■因體型微小，少量的個體往往使人忽略。

■居家種類通常體色暗淡，多呈灰色或黑色，體表具鱗片及剛毛。

### 跳蟲──潮濕環境常見的小動物

　　彈尾目的動物俗稱「跳蟲」，分布相當廣泛，全世界已命名的種類大約有 9000 種。體長一般介於 0.1~1 公分之間，亦有少數種類體長長於 1 公分。多數跳蟲的腹部腹面具「彈器」，使其能藉由彈器向接觸面拍擊而彈跳，但也有部分種類不具彈器。跳蟲的食性一般都與死亡的植物組織或真菌有關，通常在潮濕的土壤環境裡族群數量最多。

■濕氣高、漏水、不通風的室內，有時可見大量個體聚集在牆角。

# 節肢動物與人

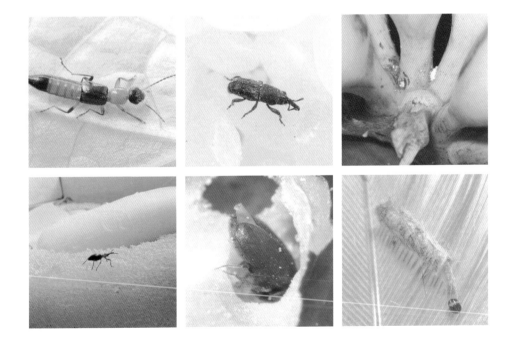

# 蟲蟲為什麼會出現在家中？
# 我該如何看待牠們？

　　人類平時所生活的室內環境，看似與戶外隔絕，但其實仍能發現多種節肢動物。屋子裡整潔也好，髒亂也好，偶爾都會有小蟲子出沒。因而，許多人肯定都會有這樣的疑問：牠們究竟打哪來的呢？

　　我們大致可以從「主動」或「被動」兩種進入室內的途徑來看。主動入侵的蟲子，多是經由建築物的出入口、窗戶、通風口、排水孔或各種縫隙來到室內，牠們可能是偶然，或受某些物質的吸引而進入家中。被動入侵的蟲子，則是透過人類的食品、衣物、日常物品夾帶，甚至附著在人類及寵物的身體而來到室內。

　　舉幾個很頻繁發生的例子，當門窗沒關好時，熱帶家蚊隨即乘隙而入，這便是主動入侵很常見的情況。而購買的食品中混有菸甲蟲的卵，成蟲羽化後出現在室內，則是被動入侵的情形。

　　另一方面，地球上自從人類創造了房舍、建築，這些非天然甚至是干擾自然環境的構造，反倒意外的成為特定種類的節肢動物能夠棲息、躲避天敵的空間。而在漫長的演化過程中，當中的特定種類也逐漸更加適應這類人工環境，得以利用室內的特定資源，在當中長期生活，甚至隨著人類的擴張而增長族群。因此，來到家裡的蟲，某些可能只是短暫出現，有一些則可能就這樣長期定居下來。

　　許多居家常見的節肢動物，體型極其微小、輕盈，偶爾經由主動或被動的方式進入室內確實是在所難免。我們必須要明白，住家中有蟲與人類共存，其實是很正常的現象。而住家所處的地理位置、周邊環境、房屋類

型、通風與採光等各種環境條件，以及屋主的生活習慣，都會影響家庭中出現的節肢動物種類與數量。因此，在每戶人家中出現的節肢動物，種類及能見度未必相同。

一般在家庭中活動的節肢動物，依照食性則可以大致分為以下幾類：

①取食建築物內外的各種碎屑、殘渣、真菌等——例如家衣蛾、長角跳蟲。
②取食人類囤放的食品或廢棄食材——例如菸甲蟲、米象。
③食性廣泛，幾乎家庭中的有機物都吃，甚至垃圾、腐敗物也能取食——例如美洲家蠊、德國姬蠊。
④破壞室內家具或物品——例如台灣家白蟻、鱗毛粉蠹。
⑤捕食或寄生其他節肢動物——例如安德遜蠅虎、寄生蜂類。
⑥吸食人類及居家寵物之血液——例如貓蚤、熱帶家蚊。


## ◎ 家裡的蟲會造成健康問題嗎？

確實，有部分的節肢動物與疾病有關，但也別把牠們想得很可怕。在所有的節肢動物中，會傳播疾病的種類僅占極少數。整體上而言，生活在室內空間的節肢動物，其實九成以上的種類對人類都是幾乎無害的，我們不須過度對牠們感到恐懼。

蒼蠅、蟑螂等是屬於大多數人較反感的對象，原因之一便是牠們時常在髒汙場所活動、接觸腐敗物，與人類生活的空間接觸時，有可能會造成病毒、細菌等病原微生物的散播。雖然我們在日常生活中宜多加提防，但其實現今的社會注重公共衛生，且現代化的汙水處理系統普及，由居家節肢動物引起重大傳染病的案例已相當少見。

在節肢動物媒介的疾病中，儘管蚊子所傳播的瘧疾、日本腦炎等多種流行病，以及蟎蜱類所媒介的恙蟲病、萊姆病等，在熱帶國家是較嚴重的公共衛生問題，但是在現今的台灣，除了登革熱外，大部分的傳染病風險

主要來自戶外，而非棲息在室內的節肢動物。居家環境比較需要留意提防的是由埃及斑蚊、白線斑蚊所媒介的登革熱，近年仍持續有案例發生。

另一類情況是節肢動物引起過敏症狀。「過敏」是由於人體免疫系統對特定物質所產生的過度反應。節肢動物的分泌物、排泄物，以及死亡後的身體殘片等，都可能成為過敏原，造成人體呼吸道過敏、氣喘、皮膚過敏等問題。在一般家庭中，尤以塵蟎和蟑螂為最為重要的過敏原。不過，我們仍可以透過控制環境條件來改善這些問題。

## ◎ 如何減低蟲蟲出現的機會？

事實上，我們並不需要把所有在家中出現的節肢動物都視作敵人。我們應該要有的心態是，理解到牠們和我們人類一樣，都是自然環境中的一

■出現在廚房的甘藷蟻象。甘藷蟻象的卵或幼蟲有時會藏在甘藷塊根中，因此若家庭中發現甘藷蟻象成蟲出現，幾乎可判斷是從囤放的甘藷中所鑽出來的。

■安德遜蠅虎捕食粉斑螟蛾。節肢動物與人類共存是很正常的現象，而室內不同種類的節肢動物之間也常存在著食物鏈關係。

員，在地球上都有各自的角色與生態意義，人類時時刻刻也都在與牠們接觸。儘管極少數種類因為會吸血、叮咬人畜、偷吃食物、破壞家具，還可能夾帶病原微生物，而被人類視為是有害的。

倘若節肢動物的出現已對生活造成困擾，我們該做的是：了解牠們出現的原因，並以正確的方式減低牠們出現的頻率。

對於適應居家環境的節肢動物來說，住宅內提供了充足的**食物**、適合繁殖的**環境**，以及能夠棲息或躲藏的**空間**，還有讓牠們入侵的**通道**。因此，必須抑制這些條件，讓環境不利於牠們生存。尤其「食物」常常是最重要的因素，食物來源因節肢動物種類而異，從黴菌、任何有機物殘渣碎屑、人類的食物與各式用品，到家具、建材、蟲子和動物的活體或屍體，都有可能成為節肢動物的食物。在「環境」方面，高溫潮濕的環境往往較適合節肢動物繁殖，而濕度又與採光、通風、水管漏水等常有密切關係。至於棲息或躲藏的「空間」，任何縫隙、不常搬動的雜物或廢棄物都可能成為蟲子的棲所。「通道」則如前所述，建築物必然存有門窗或縫隙等各種大小不一的開口與外界相通，從而讓牠們被動或主動的來到室內。

所以說，一般的家庭只要確實定期清理垃圾、廚餘，清除地板上的各種汙垢、積水、食物碎屑，囤放的食材收納妥當，並保持環境的整潔、通風，盡量減少家裡的濕度，便能抑制大多數種類節肢動物的發生。當然，注意門窗的密閉性、牆壁是否有裂縫等，並減少這些可以讓牠們進入的途徑，也是很重要的。同時，養成良好的衛生習慣，自然也毋須擔憂染上傳染病。

至於殺蟲劑的使用，在大部分情況，其實是不需要的，也不建議大家太常使用。畢竟，這些化學藥劑雖然效果快，但對人體、家中寵物同樣也存在著健康風險，過於依賴並沒有好處。並且，殺蟲劑雖然能立即除去許多蟲子，但如果沒解決孳生的源頭，造成危害的蟲子可能在藥效過後又會再度繁殖、捲土重來。而殺蟲劑的過度使用，還可能導致節肢動物產生抗藥性，反而變得更不容易防除。建議只有在萬不得已情況下，再考慮使用

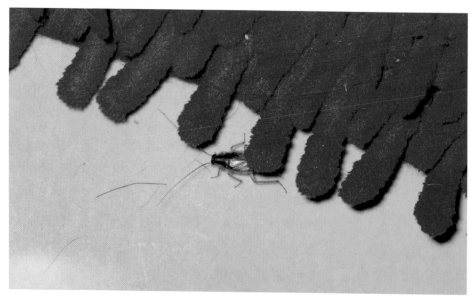

■德國姬蠊是許多人嫌惡的對象，然而牠們並未有散播重大疾病的紀錄。比起接觸蟑螂，人與人在互相接觸時，人體遭受傳染病侵襲的機率反倒高出許多。

這種方式來處理家中蟲害問題。

　　雖然市售的合法殺蟲劑商品，皆有經過安全性及效力的評估，在正確的用量下，對人體的影響很小，但仍建議大家在使用前，宜先詳閱使用說明，挑選符合需求的藥劑類型。無論是任何種類的殺蟲劑，務必了解成分及正確的使用方式，並審慎考量家中是否有嬰幼兒、貓狗等寵物，以免有安全上的疑慮。適量使用，並注意須保持通風，避免讓人體接觸藥劑。如果實在沒辦法自行解決家中蟲害問題，則不妨進一步尋求值得信賴的專業病媒防治業者（除蟲公司）提供專業防治服務。

　　總而言之，維持居家環境整潔是最重要的，但毋須過度排斥家裡出現的蟲子，因為絕大部分的蟲子並不會影響到我們的生活。就算家中節肢動物的活動造成了危害，只要能確實了解發生原因，以正確方式應對，和牠們和平共處並非難事。

# 聽說這些蟲子有毒，
# 牠們會傷害我嗎？

「腳很多的蟲」似乎特別容易讓人感到嫌惡或害怕。可能是由於外貌易帶來視覺上的衝擊，或是傳聞的渲染，每當牠們現身時總容易讓人感到不安，聯想到「危險的」、「有毒的」等印象，甚至只要見到牠們，便下意識的欲撲殺。

確實，一些常見的蜘蛛、蜈蚣、蚰蜒、馬陸，以及少數種類的隱翅蟲等，體內含具有毒性的物質，用途多是為了防禦及捕食獵物，偶爾也有咬人、使人受傷的案例發生。

但牠們真的有那麼危險嗎？出現在家裡時，我們又該如何應對呢？

## 🌀 蜘蛛

蜘蛛大概是家庭中最容易引起恐慌的節肢動物，在電影或動畫、漫畫中，蜘蛛也常被塑造成致命的、劇毒的角色，不過其實那些情節並不會在現實生活中發生。

所有種類的蜘蛛都是捕食性的，牠們大多具有毒腺，能夠分泌以蛋白質為主要成分的毒液。蜘蛛口器中的螯肢末端特化為毒牙，進食時，以毒牙注入毒液導致獵物麻痺，並藉著當中的酵素分解蛋白質，以利吸食。但絕大多數蜘蛛的毒液對人類來說並無危險，畢竟牠們的毒液主要是為了獵食用途，毒性一般只會對小型動物達到癱瘓或致死效果。

台灣目前已知毒性較強的蜘蛛種類極少，僅有長尾蛛屬（*Macrothele*）

■白額高腳蛛是居家常見的蜘蛛中體型最大者，但其實對人類無害，不會主動攻擊人，也不會對人體健康產生重大影響。

以及寡婦蛛屬（*Latrodectus*）的蜘蛛，且這兩類蜘蛛要在山區才有機會遇到，一般在住家周圍出沒的機率極低。並且，儘管牠們會對人類造成較嚴重的危害，但台灣至今未曾有民眾受蜘蛛螯咬而致死的案例。

白額高腳蛛是居家常見的代表性蜘蛛，這種蜘蛛因為身軀龐大，很容易引起恐慌。但其實牠的毒性一般對人體影響不大。雖然若被咬，免不了紅腫、疼痛，但只要不刻意用手去捉牠，牠見到人類時通常逃得比人還快。其實蜘蛛都很怕人，稍微接近或驅趕，大多會主動離開。蜘蛛咬人的情況，大多是當人主動去捕捉牠們的時候，才可能遭反咬。

如果被家中的蜘蛛咬到，當下若無引起嚴重過敏反應，通常能自然痊癒。可以清水沖洗傷口，並小心留意是否有後續感染，以及視力模糊、發燒、頭暈、嘔吐、嗜睡、精神差等不適狀況發生。如果有上述情形，就必須盡速就醫。

■長尾蛛（*Macrothele* sp.）外觀黑褐色具光澤，腹部末端可見一對細長的「後絲疣」構造。長尾蛛是少數毒性較強的蜘蛛，人體遭其咬傷若未送醫可能會導致腎衰竭甚至危及性命，然而長尾蛛一般在山區活動，不會在都市的居家環境出現。也有人稱之為「上戶蜘蛛」，該俗稱源自日文俗名。

## 蜈蚣

　　蜈蚣普遍在地表、落葉間活動，專門捕食昆蟲或蚯蚓、蝸牛等無脊椎動物，有時可能因為覓食而從門戶縫隙或排水管道鑽入住家中。其中長足衛蜈蚣為都市常見的種類，尤其常出現在浴室之類的潮濕場所。

　　許多人都聽說過「蜈蚣有毒」的說法，也常會有長輩叮嚀孩童勿接近蜈蚣以免遭咬。而蜈蚣其實並不會主動攻擊人，只是當牠們受到驚動時，很可能會突然咬住接觸到的物體。因此只要特別留意，不要隨意以手捕捉蜈蚣，一般便不至於遭咬。此外，其實有許多體型較小的蜈蚣，是幾乎無法對人體造成傷害的。

　　但若遭蜈蚣咬傷，一般都會有傷口劇烈疼痛的情形，以及紅腫、麻，甚至發燒或頭痛。因為蜈蚣軀幹的第一體節具有一對鉤狀顎肢（毒鉤），

獵食時會分泌毒液藉以麻痺獵物。毒液主要由蛋白質組成，並含有會引起疼痛的組織胺。當人體遭咬傷，疼痛感可能持續數日，但其毒性一般並不至於會有生命危險，也鮮有產生全身性過敏反應的案例。

被蜈蚣咬到的應對方式與被蜘蛛咬類似，若無嚴重過敏反應，清理傷口後通常無大礙，並可以冰敷減緩不適感。若發生嚴重過敏反應、血尿、呼吸困難、心律不整等情形，那麼還是請立即就醫接受治療。

## ◎ 蚰蜒

蚰蜒屬於唇足綱，一般具有 15 對細長的足，爬行迅速，平時以捕食昆蟲或小型無脊椎動物維生，會利用細長的腳將獵物抱住，再以顎肢穿刺獵物使之麻痺，在台灣的住家一般較不如蜈蚣常見。

雖然和牠的近親蜈蚣同樣具有鉤狀顎肢，但其末端較細長且毒性較弱，倘若被牠咬到，會造成暫時性的疼痛與皮膚紅腫，症狀類似蜂螫。實際上蚰蜒不會主動攻擊而是被動反抗，因此咬人的情形極罕見，牠們遇見人時通常只會快速躲避。然而因為體型較大且長相奇特，常使人莫名感到恐懼，許多人對牠們有著極大誤解。其實蚰蜒會取食蟑螂和衣魚等昆蟲，從人類的角度來看，也可說是益蟲。

## ◎ 馬陸

馬陸可能會在下過雨後爬進室內，或從家中的盆栽土壤出現。因為某些種類的馬陸外觀與蜈蚣相似，有時會讓人與蜈蚣混淆，甚至遭人打死。但其實馬陸並不會咬人，牠們大多是以腐植質、真菌、落到地面的枯葉等植物性組織為食，身上的足也較蜈蚣短。

只不過，許多馬陸的身體兩側具有防禦腺體，受驚擾時會分泌具有異味的分泌物，成分通常為醛類、酚類、少量氰化物等，毒性弱。但部分種

類的馬陸分泌物具有刺激性，接觸到人體有可能會引起皮膚灼傷，造成紅腫、發炎，因此在戶外見到馬陸最好不要貿然以手碰觸。儘管如此，多數馬陸基本上是無害的，皮膚若與之短暫接觸，一般只會沾染怪味。

## ◎ 隱翅蟲

　　隱翅蟲大部分為捕食性，通常體小而不太起眼，牠們多半是夜間受光源吸引而飛進室內。隱翅蟲並不會螫咬人，但一提起隱翅蟲，卻常使人聞之色變。原因在於某些隱翅蟲的體液中，含有名為「隱翅蟲素」（Pederin）的醯胺類有機化合物，為其化學防禦物質。一旦蟲體破裂，我們人體皮膚接觸到其體液中的隱翅蟲素，會引起疼痛、水泡狀潰瘍。低海拔地區最常見的有毒種類便是外表紅黑相間的紅胸隱翅蟲，或其他同為毒隱翅蟲屬（Paederus）的近似種，尤其夏季特別常在鄉村農田、較潮濕環境活動，並且有時會飛入附近的住宅。

　　不過，並非所有的隱翅蟲都有毒。台灣已知共有 1200 種以上的隱翅蟲，當中有毒的種類僅約 20 餘種，其他種類都不具引起皮膚潰爛的毒素。

　　其實要避免隱翅蟲引起的傷害，最主要的方式便是避免去拍打，或試

■ 紅胸隱翅蟲，體液中含有刺激性的「隱翅蟲素」，人體接觸其體液會造成皮膚出現紅腫、潰爛、水泡等。其實平時只要特別留意外觀橙紅色的隱翅蟲，不去拍打，便可避免傷害。

■ 並非所有的隱翅蟲都會造成隱翅蟲皮膚炎，例如這種外觀黑褐色的隱翅蟲（Philonthus sp.）偶爾也會出現在住家環境，但並沒有毒。

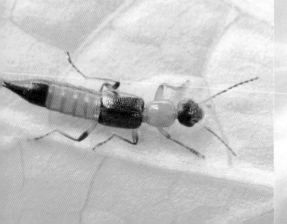

圖殺死牠。當感覺到有小蟲在身體上爬時，宜先確認是什麼，而不要直接去用力拍擊、搓揉，甚至捏碎牠。就算是有毒的種類在我們皮膚上爬，當下其實只要不造成蟲體破裂，便不至於接觸到大量有毒的體液，自然可以避免傷害。

如果不慎因為拍打或壓扁紅胸隱翅蟲而導致其體液滲出，當下應立即以清水沖洗以減低皮膚受傷害之程度，並注意不可搔抓患部，以免造成進一步感染。情況嚴重時建議盡快就醫接受藥物治療，讓傷口狀況獲得緩解。患部一般約 1~2 週便會逐漸復原。另外，夜晚注意門窗盡可能不留縫隙，就寢時熄燈，可減少隱翅蟲因趨光飛進屋內的機會。

## ◉ 多一分認識，少一分恐懼

不管是蜘蛛、蜈蚣、蚰蜒，還是馬陸，雖然其生活環境常與人類重疊，但牠們都不會主動攻擊人，通常可與我們相安無事。往往是人類與之近距離接觸，或主動捕捉時才可能遭受螫咬或傷害。且如蜘蛛、蜈蚣等的毒液量少，儘管依個人體質，被咬傷會有不同程度的反應，但大部分情況都不會有生命危險。

況且，比起傷害人，平時這些「危險的毒蟲」被人類打死或弄傷的比例恐怕還遠遠高過許多。大部分時候，節肢動物寧可避開人，人類反而才是牠們的天敵。有時，甚至一些對藥物過敏或遭植物刺傷皮膚等案例中，蜘蛛等節肢動物常會被人類誤認為是罪魁禍首，而成為代罪羔羊。

這些節肢動物出現在家中時，如果你可以平常心看待牠們，那麼這當然是最理想的應對方式。蜘蛛等捕食性的種類還能幫我們減少室內蚊、蠅的數量，何不把牠們視作身邊的好夥伴呢？若自己或者家人仍實在無法忍受這些節肢動物出沒，其實也可以利用毛筆之類的器具將之趕入容器後，再移到室外放走。很多對於節肢動物的恐懼或誤解，源自對牠們的缺乏認知。試著去了解這些生命，相信生活中可以少掉很多不必要的煩惱。

# 建築物裡的
# 蟲蟲危機

　　雖然大多數在室內活動的節肢動物並不會對人類造成危害，但難免有少數蟲子因為牠們的食性與房屋材料、家具與蒐藏品等各類有價值物品有關，而令我們感到困擾。

　　這裡要介紹的，全都是昆蟲綱的成員。讓我們來瞧瞧，常發生蟲害問題的物品有哪些，以及究竟是哪些「專搞破壞」的蟲所為。

## ◉ 木製品與木裝潢

　　建材與室內各種材質的擺設中，又以植物相關製品最容易發生蟲害，尤其木料是人類很常使用的材質。當這類家具受到昆蟲取食而毀損時，不只影響外觀與價值，更可能影響支撐結構，帶來安全性的隱憂。

　　最常對木製品造成危害的昆蟲，為白蟻和一些小型甲蟲，這些昆蟲在自然環境中原本便是以植物纖維為主食。除了一些白蟻外，出現在木製品的害蟲大多是隨著家具或木料而被人類無意間給帶進室內的。

　　白蟻類幾乎是木製品最常見的害蟲。常見的白蟻依習性可分為「地棲型」（地下白蟻）與「乾木型」（乾木白蟻）兩類。地棲型的白蟻因身體保水性差，只會在潮濕的地方活動，無法於乾燥環境生存；牠們多築巢於地下土壤或潮濕木材中，並且常會構築長而密集的隧道通往室內，出現的地方往往是水管漏水、高濕度的房屋，代表性種類為台灣家白蟻。乾木型白蟻則可以耐受乾旱環境，遠離水源也可生活，牠們會直接棲身、藏匿

在木製品裡，並在當中構築形狀不規則的隧道，截頭堆砂白蟻為代表性種類。

由於白蟻以植物性纖維為主食，不只是木製品，含植物材質的成分包括竹材、書籍，也都有可能成為白蟻取食的對象。

鱗毛粉蠹，或者一些長蠹蟲科的昆蟲，因能適應乾燥環境，是木製品害蟲中常見的甲蟲類。牠們的幼蟲以木材纖維為主要食物，但因體型極小，且平時潛伏於木料中，危害初期很難被察覺到。成蟲羽化後會鑽出木材，在木材表面留下密集的細小孔洞，並掉落大量粉末狀碎屑。當成蟲陸續羽化，往往才讓人驚覺木材已被蛀穿。台灣各地的住宅與博物館，近年

■遭受鱗毛粉蠹危害的木桌，桌腳表面遍布細小孔洞，每個孔洞直徑約 0.5~1.0 公釐。

■受鱗毛粉蠹危害的木質合板牆壁，可見表面遍布細小孔洞。

■木製書桌遭台灣家白蟻危害狀，以及泥道所殘留的痕跡。

■木板被截頭堆砂白蟻蛀食過的痕跡。

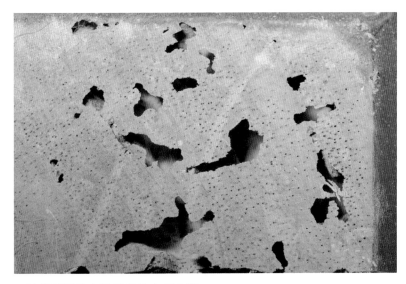

■被截頭堆砂白蟻蛀穿的木桌桌腳。

都有數起鱗毛粉蠹危害的案例。

　　棲息在低海拔地區的家天牛，也是與木材關係密切的甲蟲。家天牛的幼蟲在木材中蛀食會造成穿孔，早年常對木造房屋造成危害，然而現今台灣的房屋以水泥材質占大宗，加上木製家具一般有防腐處理，故家天牛近年已少在室內環境出現。

## ◎ 擺飾或藝品

　　許多木材製的擺設，基本上會發生的蟲害與木製家具相同，多為白蟻與長蠹蟲科的昆蟲。

　　以桃子、橄欖等植物果核所雕製的核雕藝品，則容易吸引偏愛植物性材質的蓯甲蟲。當蓯甲蟲幼蟲鑽入受害物品中取食，即造成蛀洞並伴隨粉

屑掉落。除了堅硬的果核製品，菸甲蟲也常會取食乾燥的植物、花材等，因此市售的乾燥花製品上也很容易夾帶這種昆蟲。

亞洲有不少人收藏源自泰國，俗稱佛牌的護身符。這類護身符常以乾燥花草、樹木研磨之粉末，或者草木燒成的灰等為組成材料，在溫暖潮濕的室內，便容易孳生偏好高濕度環境的書蝨科嚙蟲。因為這些嚙蟲體型極小，對藝品材質造成的影響通常不大，但仍須注意其排泄物或屍體可能對收藏品外觀造成汙漬。

因書蝨喜食真菌、有機碎屑及含澱粉成分之物質，放置於潮濕、不通風場所的動植物標本或相關擺飾，也須留意其危害。

## ◎ 書本、紙張、圖畫

紙類製品中最常出現的昆蟲為衣魚、蟑螂、白蟻，以及蛛甲科的竊蠹蟲。

衣魚類喜歡高濕度環境，嗜食澱粉類的植物性材質。牠們常會吃紙

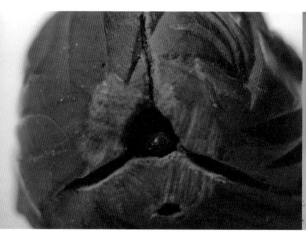

■藏身於核雕藝品中的菸甲蟲。

■受菸甲蟲危害的核雕藝品，末端可見取食所造成的缺損。

■灰衣魚在衛生紙上所造成的食痕。

張、報紙、書畫等紙類，使紙張出現不規則的缺口，也會取食含澱粉的膠合劑，居家室內、倉庫或圖書館、博物館中都常能發現衣魚的蹤跡。常見種類如灰衣魚。

眾所周知的蟑螂，為雜食性昆蟲，牠們取食的範圍很廣，偏好含澱粉與糖的食物，除了吃食品或廚餘，有時也會危害紙張及含漿糊成分的書籍。常危害紙製品的蟑螂如美洲家蠊、澳洲家蠊。

而前面提過的菸甲蟲，因偏愛植物製品，書本或紙張，以及多種儲藏食品上偶爾也可能發現菸甲蟲及其幼蟲啃食過的痕跡，是相當惱人的昆蟲。菸甲蟲的近親竊蠹蟲類，如紹德擬腹竊蠹，也是老舊圖書與文件中常發生的種類。

此外，書本中也常常可以見到書蝨，不過牠們主要是取食紙張上的真菌菌絲，偶爾或許也會取食古早書本上的澱粉質黏合劑，基本上對現今的書籍本身影響不大。

## ◉ 衣物或毛皮

衣魚除了吃紙，也如其名，常在衣櫃出沒。牠們會取食衣服以及各類紡織品，包括絲、棉、麻製品，造成衣服破洞。蟑螂類除了危害紙製品，偶爾也會發生啃食皮革的情形。

鞘翅目鰹節蟲科的昆蟲主要以動物的乾燥組織、殘骸等有機質為食，有些種類也會取食紡織品及皮革，有時甚至連人造纖維都會當成食物，導致服飾破洞缺損。這類的情況在博物館很常見，不過目前在台灣家庭環境很少有造成危害情形。

一些蕈蛾科蛾類的幼蟲會取食室內的毛織品、羽毛製品、皮革製品，導致衣物毀損，且在受害物品上往往可見幼蟲吐絲編造的筒巢。這類幼蟲喜食含有動物角蛋白的物品，台灣一些大量囤放羽毛製品的倉庫、博物館展示動物標本的空間也發生過蕈蛾科 *Tinea* 屬蛾類的危害，不過台灣一般的住家環境則幾乎不會發生這般情形。

附帶一提，國內一般家庭中常見的「家衣蛾」雖常讓人與危害毛皮的種類混淆，但家衣蛾其實對居家用品幾乎無害，幼蟲僅會以蜘蛛絲、脫落的頭髮、皮屑或掉落地面的有機物碎屑為食。

■羽毛材質遭 *Tinea* 屬蕈蛾幼蟲取食，所造成的破損情形。

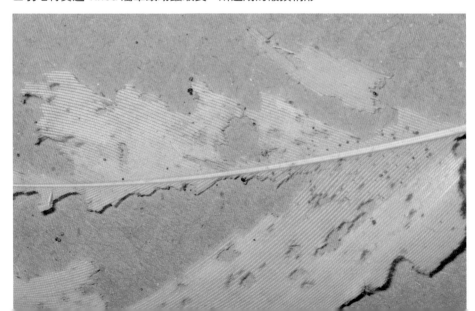

■ *Tinea* 屬蕈蛾幼蟲及其巢。此種蕈蛾幼蟲外觀雖與家衣蛾相似，但並非居家常見種類，一般僅出現在特定倉庫場所。

## 蟲蟲其實是大自然的清潔工

很多與日常用品有關的蟲子，都與「蠹」這個字有關。長蠹蟲、鱗毛粉蠹本身即有「蠹」字，鰹節蟲也被叫作「皮蠹」，而衣魚則又有「蠹魚」之稱。這些名詞反映出牠們蛀食物品，與人類利益產生衝突的特性。

事實上人類所運用的各種植物性、動物性資材，原本就取自大自然中許多生物所取食的對象。如果換個角度來看，侵擾人類家庭生活的蠹蟲，多數在山野中是扮演清道夫的角色，能夠清理森林裡死亡的生物殘骸。只是人類建造了房屋，間接改變了牠們原本的生活狀態。雖然破壞物品的行為時常惹人嫌惡，但牠們終究是自然裡的一分子。

# 搭乘食物便車的訪客

　　雖然「食物裡有蟲」這件事向來很難以令人接受，但不可否認的，人人肯定都碰過。這些蟲究竟是哪來的呢？

　　乾燥食品，特別是穀物相關製品中的昆蟲，大部分都是商品在送到消費者手中前，便已自加工廠、庫房等場所中侵入，再隨著銷售管道進駐人類家中。畢竟農人、商人把這些植物果實及種子大量收集，又長時間堆放在固定的地點，往往無意間成為了孕育特定昆蟲的溫床。雖然開封後的食物也可能吸引蟲子進入，然而食物中的蟲，多數其實是讓我們自己給帶進室內的。

　　至於新鮮蔬果上的昆蟲，大部分都是來自栽培環境，再隨著那些採收不久的商品而來到人類手中。同理，作物從種植、採收到出售的一系列過

■廚房櫥櫃中發現菸甲蟲及穀蠹屍體，牠們正是從食物裡跑出來的。

程裡，任何大量、長期積聚食材的空間，難免都有蟲子侵入繁殖的風險。

想像一下——某戶人家中突然有小蟲子四處橫行，一家人日夜煩惱，百思不解究竟為何會突然冒出大量的蟲，卻忽略了那些蟲子其實是從食品包裝袋裡所爬出來——而這樣的戲碼，經常在許多人家中上演。如果能初步認識各類食材中常見的昆蟲種類，也許下回家中出現了許多意外的「訪客」，就不會感到手足無措了。

## ◎ 乾燥食品

### 穀物

米、麥是人類最廣泛的主食，家家戶戶的廚房裡幾乎都有這些農作物或其加工製品。出現在裡頭的節肢動物通常具有耐受乾燥的特性，能在室內環境長時間生存。

米象大概是米缸中最讓人熟悉的昆蟲了。牠們一般不會危害完整的稻穀，然而當米粒去掉了外殼（穎殼），便有機會讓米象在上頭產下卵。當帶有卵粒的白米、糙米放置了一段時間，成蟲大量羽化，便可能會在室內牆壁或地板上四處爬行。由於體型不大，甚至有時在米飯煮熟後才發現裡頭有著些許死亡的成蟲。

另一種名為穀盜的小型甲蟲，是穀倉環境知名的害蟲，有些時候也會隨著食品夾帶至一般家庭中。穀盜不僅吃米粒、燕麥等，還能直接咬破、啃食尚未去殼的稻穀。但由於穀盜一般將卵產在稻穀表面，採收的稻穀經過碾米時，卵常會連同外殼一併被除去，所以牠們在一般家庭中出現的機率比米象要來得低。

擬穀盜則常伴隨著加工過的米、麥製品出現，麵粉、穀類加工品中都有可能發現牠們。當擬穀盜大量出現時，牠們偏好鑽到室內各個角落縫隙處，且因擬穀盜本身帶有特殊氣味，常會導致食品變質與發臭。

穀物裡常見的可不只有甲蟲類，粉斑螟蛾的幼蟲也很常現身在糙米或

燕麥片中，而且繁殖力相當強，因為幼蟲會鑽進穀物堆裡，甚至時常在成蟲羽化飛出後才讓人發覺。當然，有時在穀物及相關製品中也可能發現其他螟蛾科的蛾類。

　　體型微小較不起眼的穀粉茶蛀蟲或其他近似種嚙蟲，則時常會孳生於發霉或破損的穀粒上；不過牠們並非全都來自食品包裝中，也可能在食品買回後才從室內環境侵入食物。

### 豆類

　　豆科植物果實有時也被歸類在「五穀類」，在生活中相當常見。雖然不如穀類那麼容易長蟲，儲藏的豆類偶爾仍可見少量的豆象，如四紋豆象。牠們產卵於豆類種子的表面，幼蟲便在豆子裡取食、成長，尤其出現

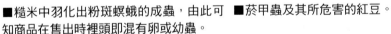
■米象最常出現在袋裝的白米或糙米中。

■擬穀盜意外被攜入室內後，有時便出現在住家的角落縫隙。

■糙米中羽化出粉斑螟蛾的成蟲，由此可知商品在售出時裡頭即混有卵或幼蟲。

■菸甲蟲及其所危害的紅豆。

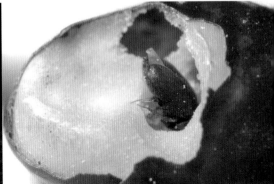

在綠豆、紅豆中的頻率最高。某些金花蟲科豆象亞科的昆蟲，也可能會隨著進口的蠶豆或特定豆類來到家庭中。

食性廣泛的菸甲蟲有時也會出現在豆類包裝中，菸甲蟲可能來自食品工廠，也可能是老早定居在住家的個體咬破包裝袋而侵入。

## 堅果及種子

很多乾燥的堅果、種子製品是由國外進口，這類食品常被當成零食，或添加在料理中。如果在食品包裝裡發覺明顯的粉狀碎屑，或堅果表面有些許蛀洞，這些跡象通常與甲蟲類有關。

花生或堅果類，偶爾會發現米出尾蟲或其他出尾蟲科的小型甲蟲藏匿，這些小甲蟲通常偏愛富含油質的植物種子，或發酵、腐熟的果實類食品。久置而變質的穀物及相關製品也是牠們會取食的對象，但正常狀態的穀物一般對牠們則較不具吸引力。

核桃和腰果裡，有時也會有鋸胸粉扁蟲之類的細扁甲科甲蟲，以及穀粉茶蛀蟲出沒。

## 中藥材

中藥材的種類多樣，有分為礦物、植物、動物性的種類，不過一般家庭中還是以植物性的中藥材，包括植物的花朵或根莖製品最為普遍。

例如當歸的根部、金銀花的花苞等常見中藥，蟲蛀的情形並不罕見。菸甲蟲幾乎是這類儲藏中藥材最容易孳生的昆蟲，偶爾也可能發現另一種藥材甲蟲，而兩者都是蛛甲科的成員，也是世界性分布的倉儲害蟲。長角象鼻蟲科的長角象鼻蟲，難免有時也會出現在中藥材裡頭。

這些甲蟲的共通點都是生性活潑，如果屋子裡有許多小甲蟲飛來飛去，趕緊去檢查家中囤放的中藥類吧！

## 辛香料

　　薑黃粉、辣椒粉、番紅花等植物性調味品或香料，以及花草茶的茶包，就如同中藥材，都可能成為菸甲蟲、長角象鼻蟲蛀食危害的對象。畢竟這些小昆蟲偏好植物性成分，所以當發現牠們從香料裡鑽出來時，其實也不是什麼奇怪的事。

　　雖然會取食多種不同的食材，但中藥與香料幾乎可說是菸甲蟲的最愛，尤其菸甲蟲在花草茶茶包裡出沒的案例相當頻繁。

■花生中發現的米出尾蟲。

■薑黃粉中發現的長角象鼻蟲幼蟲。

## ◉ 新鮮食材

### 水果

　　剝水果時赫然發現果肉裡有蟲，幾乎每個人都有這種經驗吧？

　　新鮮的水果如柑橘類，以及芒果、火龍果中常見的蛆狀蟲子，大部分都是果實蠅科的東方果實蠅幼蟲。牠們是台灣水果的嚴重害蟲，成蟲能以產卵管刺破果皮，將卵產在果肉中，幼蟲便以蛀食果肉維生，嚴重時還會造成果實腐爛。

體型相對小很多的果蠅科昆蟲，牠們的幼蟲在某些情況也會出現在一般水果果肉中；但幼蟲通常只會出現在過度成熟且外表明顯破裂或撞傷的水果，甚至水果類廚餘反而比新鮮水果更容易孳生果蠅。

　　而一般在荔枝、龍眼這類無患子科水果果實裡常出現的，則是細蛾科的小型蛾類幼蟲，其中細蛾（*Conopomorpha* spp.）為常見種類。此外，市場買回來的香蕉，有時也會夾帶一些粉介殼蟲，不過這類蟲一般只會附著在果皮表面，不會接觸到果肉的部分。

## 蔬菜

　　菜葉上有蟲咬的痕跡，或夾帶蟲子，這種情況在每個家庭中同樣相當頻繁。隨著新鮮蔬菜進入室內的蟲，共通點是無法忍受乾燥，且因為缺乏可持續食用的寄主植物，因而大部分種類均不易在家中長期生存。

　　小菜蛾與白粉蝶的幼蟲是我們頻繁接觸的甘藍菜、小白菜、花椰菜等十字花科蔬菜上最常見的種類。小菜蛾的幼蟲專門以十字花科植物為食，白粉蝶食性雖較廣，也取食山柑科、金蓮花科植物，但牠們的幼蟲在

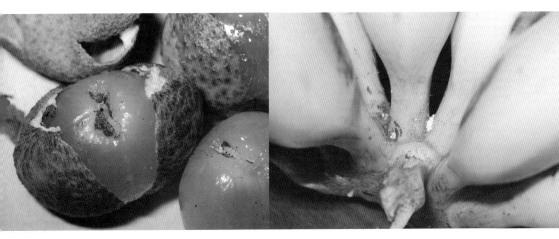

■龍眼、荔枝果肉中發現的昆蟲大多是細蛾的幼蟲。　　■市售香蕉表面有時可見白色的粉介殼蟲。

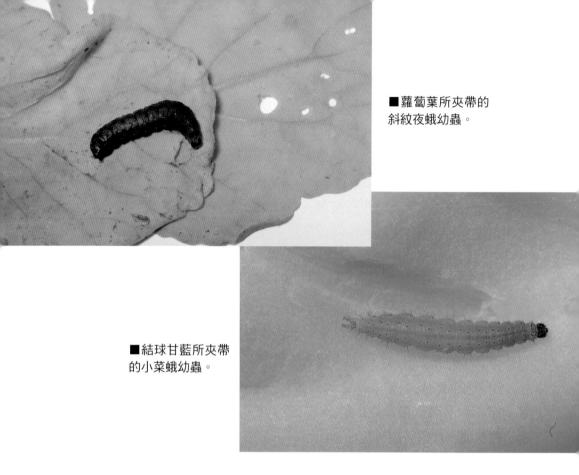

■蘿蔔葉所夾帶的
斜紋夜蛾幼蟲。

■結球甘藍所夾帶
的小菜蛾幼蟲。

栽培的十字花科蔬菜上出現的頻率特別高。其他如斜紋夜蛾（*Spodoptera litura*），以及一些夜蛾科、螟蛾科的幼蟲，偶爾也會出現在地瓜葉、萵苣等其他種類的蔬菜中。

　　至於根莖類蔬菜，最常讓人撞見的，就是從甘藷塊根中鑽出來的甘藷蟻象，實際上這是由於少量的幼蟲與卵，老早就藏在甘藷裡的緣故。大蒜則是很常有夾帶粉斑螟蛾幼蟲的情形。

## ◎ 食物裡有蟲，其實不算太壞？

　　看到這裡，你心裡或許不太好受，畢竟回頭想想，許多昆蟲會附著在

食物上、在加工廠的機具上走動，少量蟲體或碎片殘渣在食品生產、加工、包裝過程中混入食物的情況終究是很難避免。或許日常生活中我們已無意間吃下了不少蟲或蟲卵……

雖然對特定體質的人而言，食品中的昆蟲仍有可能會造成過敏反應（就如同有些人會對蝦蟹、貝類等海鮮過敏），但我們也不必過度擔心。因為就算不小心吃到蟲，一般也不至於生病或中毒。

正因為食物中的「動物性雜質」難以避免，在美國，食品藥物管理局（FDA）便針對各種食物中存在的天然雜質訂定相關標準，例如在每 100 公克巧克力中，不得含有超過 60 片昆蟲碎片；咖啡豆中所含的昆蟲量不得超過 10％；每 50 克麵粉中的昆蟲碎片不得超過 75 塊……也就是說，這些規範的食品中昆蟲含量都屬於「能接受的範圍」。

當然，不管怎麼說，多數人肯定還是會介意食物裡有蟲。所以在購買商品時，不妨注意檢查食材表面是否有任何可疑的蛀孔，底部是否有大量疑似蟲蛀造成的碎屑。若仍不放心，務必優先選擇真空包裝的食品，並多加留意保存期限、包裝是否破損。至少，這些行動可以減低讓你吃到蟲的機率。

最後，換個方式來安慰大家好了。其實，我們老早在不知情狀況下吃下許多含有昆蟲成分的食品添加物！許多市售的巧克力球、口香糖，甚至西藥膠囊，其成分中可能含有「蟲膠」的成分，那蟲膠即是由半翅目的一種介殼蟲「膠蟲」磨碎後提煉而來。

一些市售的草莓口味優格、優酪乳、紅色的果醬、加工肉類，有沒有看過包裝上有「天然胭脂紅萃取物」的字樣？這指的是天然食用色素「胭脂紅」，來自半翅目的胭脂蟲，是以沸水或蒸氣蒸煮胭脂蟲，或者將風乾的蟲體研磨後萃取而取得的。

所以說，既然食品添加物裡有蟲都不奇怪了，食物夾帶蟲子這種小事，還是別太計較了吧。

# 伴「黴」而生的蟲

　　在一般住家常見的節肢動物中，有著一群食性與黴菌有關的種類，因此「發霉」也是造成特定蟲子孳生的常見因素。更不用說長年溫熱潮濕的台灣，室內牆壁或建材表面多多少少都散布著細微的黴菌菌絲。

　　若平日已相當注重室內的整潔與衛生，卻仍然不時會發現一些陰暗處或夾縫周圍有微小的蟲活動，甚至過度繁殖而使人煩惱，很可能便意味著家中某處潛藏著經年累月的黴斑，成為節肢動物們的食物。而在一些新建造或剛裝潢的房屋，建材或木質家具中也常隱藏著受潮發霉的問題，因此這般情況不一定只會發生在老舊的樓房。

　　那麼哪些種類的蟲與黴菌有關呢？

## ◎ 會吃黴菌的蟲蟲

　　這些潮濕發霉環境常見的節肢動物，其實不少種類都普遍存在各地的樓房中，只是相較於其他食性的種類，牠們一般體型更顯得微小，不太容易讓人看清楚外表或留下深刻印象。所以往往在某些發霉較嚴重的角落，當牠們已持續繁殖、積聚了相當的數量，才會引起人類的注意。

　　屋子裡發霉的地方最常出現者，通常是昆蟲綱的嚙蟲、內口綱的長角跳蟲，以及蛛形綱的蟎類。

　　嚙蟲主要以真菌、地衣和多種動植物性碎屑為食，室內常見者如書蝨科、裸嚙蟲科的種類，牠們會取食牆面上的細小黴菌。有時在通風不良的

■通風不良又缺乏日照的建築物，容易成為黴菌的溫床。

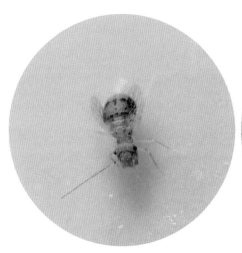

■一些住家中潮濕的浴室有時
可見到拉氏擬竊嚙蟲活動。

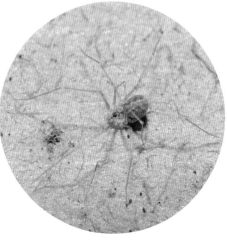

■在發霉的木質桌面上活動的
球腹幽靈蛛。

浴室、倉庫或地下室環境，因黴菌大量繁殖會造成嚙蟲數量激增。

　　長角跳蟲主要以真菌、腐植質或腐敗物為食，偏好在陰暗潮濕的環境活動，在潮濕的地板，或浴室的磁磚縫隙、洗手台周圍，都有機會見到長角跳蟲。水管漏水的住宅牆壁、潮濕的地下室，也很容易見到牠們成群出現。

　　蟎類是相當容易被忽視的一群。在居家環境中，粉蟎科的一些種類為體型較大的蟎，相對較容易為人所察覺，偶爾會有少量個體在牆面爬行，

特別是壁癌、發霉的牆面，有時也成群出現在受潮的食品或周圍區域，牠們主要以黴菌及穀物等為食。而塵蟎科的歐洲室塵蟎、美洲室塵蟎等雖然主要以有機物碎屑為食，也會取食特定黴菌，不過因為塵蟎類肉眼不易觀察，一般難以發現其蹤影。儘管塵蟎的增長不全然與黴菌有關，但牠們和黴菌同樣偏好高濕度的環境，濕度高的地方塵蟎和黴菌均會大量繁殖。

還有一些與黴菌有關，但一般公寓樓房中比較沒那麼常見的小型甲蟲，例如鞘翅目姬薪蟲科的種類，牠們是以多種真菌為食的甲蟲，黴菌也是其主要的食物來源，因此某些建築物裡仍有機會發現。至於在分類上屬於扁甲總科的粉扁蟲類，比如角胸粉扁蟲，也會受久置且破損的穀物、潮濕發霉的穀物所吸引，且會取食米粒、麥片等穀物及其表面長出的黴菌菌絲，但牠們的發生通常與儲藏食品的保存較有關係。

值得注意的是，當這些蟲子出現時，雖然大多數人在意的是視覺觀感方面的困擾，然而牠們活動時身體可能會黏附少量黴菌孢子，造成黴菌擴散。而蟎類及某些昆蟲的排泄物、屍體，尚有造成人類呼吸道過敏的疑慮。但從另一個角度來看，這些節肢動物的發生數量，通常會反映出室內黴菌生長的程度，以及所孳生的黴菌類群，倒可視為一項環境指標。

■嗜蟲書蝨常會棲息在牆角處，並在牆面留下極細微的糞便。

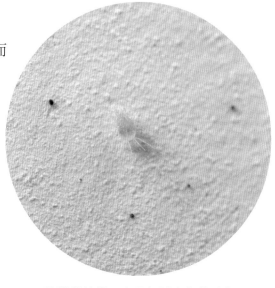

此外，當室內因發霉問題而促使嚙蟲等取食黴菌的蟲大量繁殖，對於一些捕食性的節肢動物而言，因捕食的對象不虞匱乏，通常牠們的數量也會逐漸增多，例如蛛形綱幽靈蛛科、埃蛛科等若干種蜘蛛。因此在潮濕、黴菌繁殖旺盛的地方，蜘蛛數量增多也是很普遍的現象。

■粉蟎科的蟎，少量個體會在牆壁上活動，但因體型較昆蟲小而易被忽視。

## 降低濕度是唯一解方

總而言之，密閉不通風又潮濕的住宅，特別容易滋養黴菌，黴菌又會成為一些節肢動物的食物。想減少因潮濕、發霉而冒出來的蟲，勢必得處理黴菌的問題。不過，比起引來蟲子取食，黴菌本身的害處更是值得我們留意。

「黴菌」其實算是個概括的通稱，一般指我們在日常生活中見到的多種絲狀真菌，並不是指單一種類的真菌。而潮濕牆面常見者通常為子囊菌門的真菌，如枝孢菌屬（*Cladosporium*）、短梗黴菌屬（*Aureobasidium*）、莖點黴菌屬（*Phoma*）等種類的真菌。儘管真菌在大自然中屬於分解者的角色，若大量出現在室內時卻常成為人類生活裡的大麻煩，有些種類不僅造成環境清潔上的困擾，也伴隨著過敏或疾病的問題。我們居家室內的牆角、家具，或是放置一段時間的食物，都常有機會碰到這類微生物孳生。只要陽光照不到又潮濕的地方，幾乎任何材質的物品都可能孳生黴菌。

現在的住宅為了利益的考量，總是在擁擠的坪數內密集劃分隔間，這往往造成屋內採光不佳及通風不良，且許多浴室、廚房缺乏對外的窗戶而長期積水，再加上台灣特有的潮濕氣候，便很容易累積濕氣，無疑是培養

■壁癌、漏水而孳生黴菌的牆面，偶爾可見長角跳蟲出沒。

黴菌的溫床。同時，更多的裝潢與隔間也提供了更多能讓黴菌及節肢動物繁殖、棲身的縫隙。而老舊房屋常有管線漏水的問題，這種情況也大大增加了室內發霉的機會。

任何人應該都曾目睹過黴菌菌絲造成物品髒汙、劣化變質的麻煩事，但黴菌另一個隱憂是影響人體健康。對具有過敏體質的人來說，有些黴菌可能會導致氣喘、打噴嚏、眼睛發癢、皮膚紅腫、鼻塞、頭痛等問題；且如前所述，黴菌所吸引的一些蟲子也與過敏有關。許多黴菌也具有毒性及致病力，免疫力低弱狀態的人若吸入空氣中過多的黴菌孢子，更可能引起人體發炎、病變。當然，並非只要有黴菌，就一定會危害人體健康，空氣中原本就有許多黴菌孢子存在，只是當環境變得適合它們而大量生長時，才容易引發問題。

就如同許多居家的節肢動物，黴菌也喜愛溫暖潮濕的環境。要抑制黴菌，首要之務為盡可能斷絕滋養黴菌的水分來源，最好的方式唯有解決漏水問題、盡可能的控制濕度、保持室內環境通風。只要阻止黴菌過量繁殖，也能抑制蟎類以及其他取食黴菌的蟲子大量發生。除了維持乾燥，還要適度的打掃，以清除過敏原。

屋內環境若經過妥善的管理，黴菌發生的機會減少，對人體健康帶來的風險自然會降低，同時也能減低相關節肢動物擾人的問題。

# 延伸閱讀

◎王正雄。1997。《住家蟑螂生物學與防治》。中華環境有害生物防治協會。

◎朱耀沂。2005。《人蟲大戰：改寫人類歷史的蟲蟲危機》。商周出版。

◎朱耀沂、黃世富。2007。《蜘蛛博物學》。天下遠見出版股份有限公司。

◎朱耀沂。2009。《蟑螂博物學》。天下遠見出版股份有限公司。

◎汪澤宏、黃裕星、徐孟豪、吳孟玲、劉則言、許富蘭。2018。《臺灣的白蟻及危害樹木白蟻之防治手冊》。行政院農業委員會林業試驗所。

◎吳文哲、石憲宗 主編。2010。《農業重要昆蟲科、亞科及物種之幼期形態與生態》。 行政院農委會動植物防疫檢疫局、國立台灣大學昆蟲學系、行政院農業委員會農業試驗所。

◎岳巧云 主編。2015。《實用蜚蠊彩色圖鑑》。暨南大學出版社。

◎陳世煌。2001。《臺灣常見蜘蛛圖鑑》。行政院農業委員會。

◎陳仁杰。2002。《台灣蜘蛛觀察入門》。串門企業有限公司出版。

◎詹肇泰。2007。《香港跳蛛圖鑑：跳蛛‧蠅虎‧金絲貓》。萬里機構‧萬里書店。

◎詹哲豪。2018。《蟲蟲危機：你需要知道的寄生蟲 & 節肢動物圖鑑及其疾病與預防！》。晨星出版有限公司。

◎兵藤有生（著）。莊雅琇（譯）。2017。《害蟲偵探事件簿：50 年防蟲專家如何偵破食品中的蟲蟲危機》。臉譜出版。

◎姚美吉。2010。《標準作業手冊系列 14：積穀害蟲偵察調查》。行政院農業委員會動植物防疫檢疫局、行政院農業委員會農業試驗所。

◎張生芳、樊新華、高淵、詹國輝 主編。2016。《儲藏物甲蟲》。科學出版社。

◎薛美莉、羅華娟 主編。2014。《湖山生物資源解說手冊：螞蟻類》（修訂二版）。行政院農業委員會特有生物研究保育中心。

◎董景生、山馥嫻、林宗岐、余偲嫣、許嘉錦。2009。《福山地區螞蟻監測及鑑定指南》。行政院農業委員會林業試驗所。

◎柯俊成、陳君玳 主編。2011。《91~100 年進口植物或其產品檢出害蟲之統計與圖鑑》。行政院農業委員會動植物防疫檢疫局。

◎蕭孟芳。2013。《蚊之色變》。二魚文化事業有限公司。

◎連日清 編著。2004。《臺灣蚊種檢索》。藝軒圖書出版社。

◎詹美鈴。2019。《我家蟲住民：我們所不預期的蟲室友》。國立自然科學博物館。

◎李鍾旻。2015。《自然老師沒教的事 6：都市昆蟲記》。遠見天下文化出版股份有限公司。

◎久留飛克明（著）。黃郁婷（譯）。2019。《當我們住在一起：64 種居家常見的超級生物！》。聯經出版事業股份有限公司。

◎ William H Robinson. 2005. Urban Insects and Arachnids: A Handbook of Urban Entomology. Cambridge University Press.

◎近藤繁生、酒井雅博、大野正彦 。2012。《わが家の蟲図鑑》。トンボ出版。

◎羅伯唐恩（著）。方慧詩、饒益品（譯）。2020。《我的野蠻室友：細菌、真菌、節肢動物與人同居的奇妙自然史》。商周出版。

# 後記

　　本書自 2016 年開始構思，從資料蒐集、攝影、撰寫，至商談出版，過程中承蒙許多專家及朋友的協助與支持，讓這本圖鑑得以完成，由衷感激。

　　特別要感謝已故的出版人大樹文化張蕙芬總編輯。張總編輯是筆者在撰寫初期時最支持出版本書者，他提供了一些想法、鼓勵與建議，促成日後本書誕生。本書的出版亦是張總編輯的心願之一，相當遺憾的是張總編輯在本書尚未完成時辭世，未能有機會親自翻閱本書。

　　非常感激國立中興大學黃紹毅教授。黃教授提供豐富昆蟲樣本供拍攝，並對本書方向提供卓見，使內容更臻完善。同時並感謝其研究團隊成員謝宜珊女士、杜宇佳女士、賈慧婷女士協助提供樣本。

　　謝謝國立自然科學博物館焦傳金館長、國立台灣大學昆蟲學系蕭旭峰教授、國立台灣大學公共衛生學系蔡坤憲教授為本書撰寫序文。以及聯經出版的李佳姗主編、行銷部姚旗荃女士等人，協助本書的製作與推廣。

　　還要感謝多位朋友提供樣本、照片及文獻，或在樣本採集過程提供幫助：李後鋒教授、連日清教授、姚美吉博士、林宗岐教授、蔡宜倫教授、林劭如女士、陳國祥先生、惠凱平女士、王又賢先生、徐渙之先生、陳彥叡先生、程志中先生、施禮正先生、林敬峰先生、唐炘炘女士、王韻萱女士、賴品瑀女士、簡鈺蓉女士、葉姿秀女士、徐苙婕女士、邱麗卿女士、蘇耀堃先生、羅美玲女士、莊靜宜女士、黃世仁先生、李宗翰先生等諸君。

　　本書儘可能介紹代表性的居家常見節肢動物，然而節肢動物的多樣性極高，難免力有未逮而有所缺漏，各位讀者如有發現書中任何不足或謬誤，也敬請包涵與賜教。

# 學名索引

# 中文索引

# 圖片索引

此處列出全書收錄物種之影像縮圖，
以方便讀者在不曉得家中節肢動物名稱的情況下查找可能的目標。

P.46

P.49

P.52

P.55

P.58

P.60

P.63

P.66

P.70

P.72

P.75

P.78

P.82

P.85

P.87
P.89
P.92
P.95
P.98
P.100
P.102
P.105
P.107
P.109
P.111
P.114
P.117
P.120
P.123
P.125

P.127

P.130

P.133

P.136

P.139

P.142

P.145

P.147

P.149

P.152

P.154

P.157

P.160

P.163

P.166

P.168

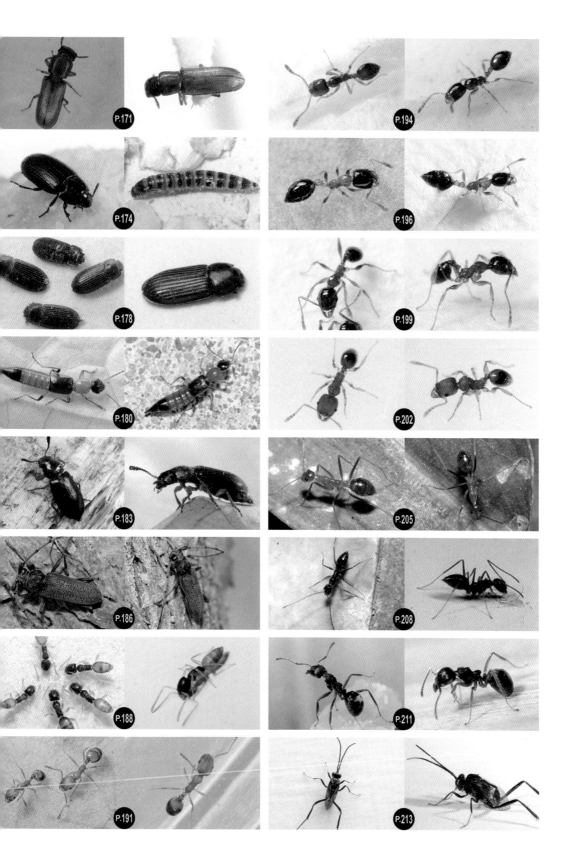

P.171

P.194

P.174

P.196

P.178

P.199

P.180

P.202

P.183

P.205

P.186

P.208

P.188

P.211

P.191

P.213

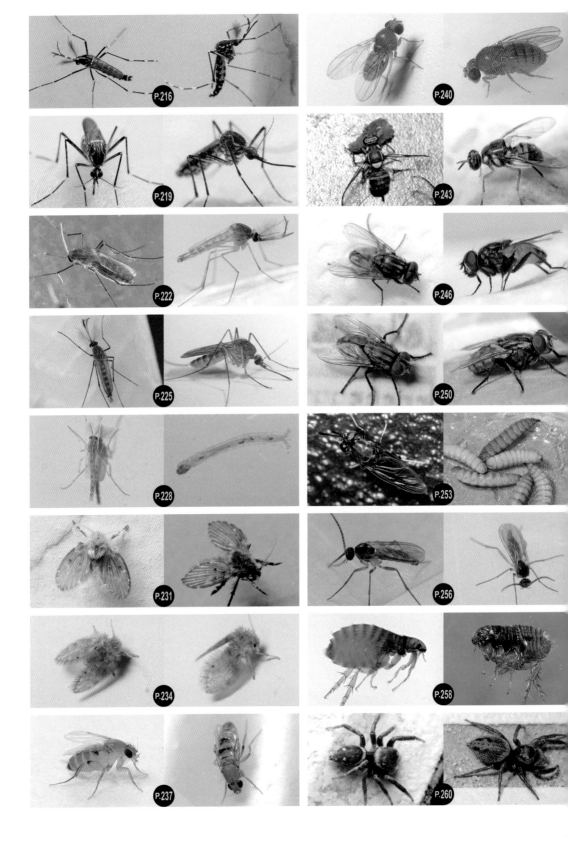

P.264

P.267

P.270

P.274

P.277

P.280

P.283

P.285

P.288

P.291

P.294

P.296

P.299

P.301

P.303

P.306

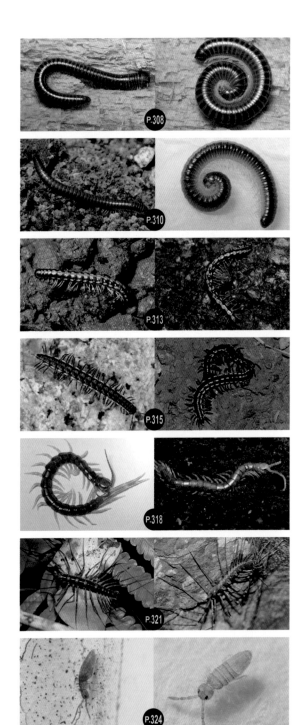

P.308

P.310

P.313

P.315

P.318

P.321

P.324

圖解
# 臺灣常見室內節肢動物圖鑑：
## 居家常見101種蟲蟲大集合，教你如何分辨與防治

2021年10月初版　　　　　　　　　　　　　　定價：新臺幣740元
2024年7月初版第四刷
有著作權・翻印必究
Printed in Taiwan.

| | | | |
|---|---|---|---|
| 著　　　者 | 李 | 鍾 | 旻 |
| | 詹 | 美 | 鈴 |
| 叢書主編 | 李 | 佳 | 姍 |
| 校　　　對 | 陳 | 佩 | 伶 |
| 內文排版 | 江 | 宜 | 蔚 |
| 封面設計 | 連 | 紫 | 吟 |
| | 曹 | 任 | 華 |

| | | | | |
|---|---|---|---|---|
| 出　版　者 | 聯經出版事業股份有限公司 | 副總編輯 | 陳 | 逸華 |
| 地　　　址 | 新北市汐止區大同路一段369號1樓 | 總編輯 | 涂 | 豐恩 |
| 叢書主編電話 | (02)86925588轉5320 | 總經理 | 陳 | 芝宇 |
| 台北聯經書房 | 台北市新生南路三段94號 | 社　長 | 羅 | 國俊 |
| 電　　　話 | (02)23620308 | 發行人 | 林 | 載爵 |
| 郵政劃撥帳戶第0100559-3號 | | | | |
| 郵撥電話 | (02)23620308 | | | |
| 印　刷　者 | 文聯彩色製版印刷有限公司 | | | |
| 總　經　銷 | 聯合發行股份有限公司 | | | |
| 發　行　所 | 新北市新店區寶橋路235巷6弄6號2樓 | | | |
| 電　　　話 | (02)29178022 | | | |

行政院新聞局出版事業登記證局版臺業字第0130號

本書如有缺頁，破損，倒裝請寄回台北聯經書房更換。　　ISBN 978-957-08-6005-4 (平裝)
聯經網址：www.linkingbooks.com.tw
電子信箱：linking@udngroup.com

國家圖書館出版品預行編目資料

臺灣常見室內節肢動物圖鑑：居家常見101種蟲蟲大
集合，教你如何分辨與防治/李鍾旻、詹美鈴著 . 初版 . 新北市 .
聯經 . 2021年10月 . 376面 . 17×23公分（圖解）
ISBN 978-957-08-6005-4（平裝）
[2024年7月初版第四刷]

1.節肢動物 2.動物圖鑑 3.病媒防制 4.台灣

387.025 110014879